高职高专规划教材

电子技术实训教程

侯　睿　朱湫玉　编

西北工業大學出版社

【内容简介】 本书分为模拟部分与数字部分两部分，每部分又各包含实验教程与实训教程。内容包括：常用电子仪器的使用，模拟电路基础实验，模拟电路设计实训，数字电路基础实验，数字电路设计实训等。本书设置了较多的实验课题，包括很多实验项目，其内容和难易程度基本满足了不同层次的教学要求，任课教师可以根据实际情况灵活运用。为了适应不同类型实验课程的需求，每个实验项目都附有实验原理、参考实验电路等内容。

本书可作为高等院校电子、电气、信息类及相关专业的专科实验教材，还可供从事电子技术研究和开发的工程技术人员参考。

图书在版编目(CIP)数据

电子技术实训教程/侯睿，朱漱玉编．—西安：西北工业大学出版社，2007.8(2014.1重印)
ISBN 978-7-5612-2287-4

Ⅰ.电… Ⅱ.①侯… ②朱… Ⅲ.电子技术—教材 Ⅳ.TN

中国版本图书馆CIP数据核字(2007)第132925号

出版发行：西北工业大学出版社
通信地址：西安市友谊西路127号　　**邮编**：710072
电　　话：(029)88493844　88491757
网　　址：www.nwpup.com
印 刷 者：兴平市博闻印务有限公司
开　　本：787 mm×1 092 mm　1/16
印　　张：10.625
字　　数：256千字
版　　次：2007年8月第1版　2014年1月第4次印刷
定　　价：20.00元

前　言

电子技术是高等工科院校实践性很强的技术基础课程。为了培养高素质的专业技术人才，在理论教学的同时，必须十分重视和加强实验教学环节。如何在实验教学过程中培养学生的实践能力、独立分析问题和解决问题的能力、创新思维能力和理论联系实际的能力及书面表达能力，是高等院校着力探索与实践的重大课题。

本书内容分为模拟部分与数字部分，各部分又分为实验教程与实训教程两部分。这样的结构安排较好地满足了实践教学基本知识和基本技能训练的需要。本实训教程是配合实验装置而编写的。

全书以电子技术的基础实验和设计实验为主要内容，介绍了模拟电子技术实验、数字电子技术实验的设计方法，还包含了多个电子技术课程设计的课题内容。此外，书中还阐明了一些常用电子仪器的工作原理、性能指标、使用方法及注意事项，并附有实验台操作使用说明。

本书可作为高等院校电子、电气、信息类及相关专业的专科实验教材，还可供从事电子技术研究和开发的工程技术人员参考。

候睿编写了数字电路部分，并负责全书的体系结构和审稿工作，朱漱玉编写了模拟电路部分。本实训教程在编写过程中得到了西安航空技术高等专科学校电气工程系、实验实训中心和教务处的大力支持，在此，谨向他们致以最诚挚的谢意。

由于编者水平所限，书中缺点、错误在所难免，恳请读者批评、指正。

编者

2007 年 6 月

目　录

模拟部分

数字部分

* 为选作内容，正文中亦同。

模拟部分

实验一　常用电子仪器的使用

一、实验目的

(1) 学习电子电路实验中常用的电子仪器——示波器、函数信号发生器、直流稳压电源、交流电压毫伏表、频率计等的主要技术指标、性能及正确使用方法。

(2) 初步掌握用双踪示波器观察正弦信号波形和读取波形参数的方法。

二、实验原理

在模拟电子电路实验中，经常使用的电子仪器有示波器、函数信号发生器、直流稳压电源、交流电压毫伏表及频率计等。它们和万用电表一起，可以完成对模拟电子电路的静态和动态工作情况的测试。

实验中要对各种电子仪器进行综合使用，可按照信号流向，以连线简捷，调节顺手，观察与读数方便等原则进行合理布局，各仪器与被测实验装置之间的布局与连接如图Ⅰ-1-1所示。接线时应注意，为防止外界干扰，各仪器的公共接地端应连接在一起，称共地。信号源和交流毫伏表的引线通常用屏蔽线或专用电缆线，示波器接线使用专用电缆线，直流电源的接线用普通导线。

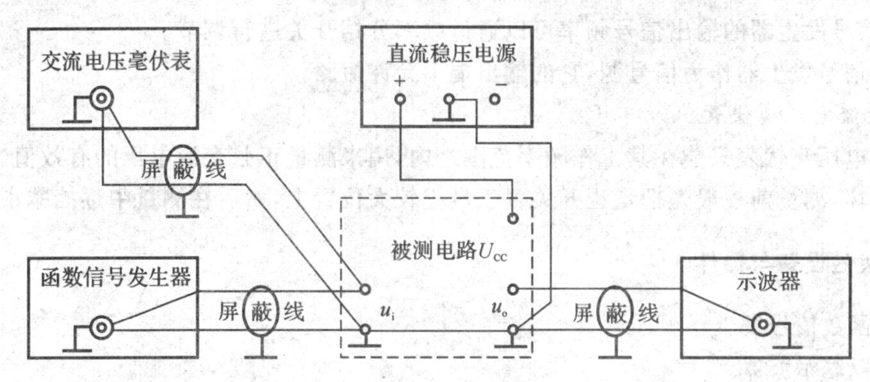

图Ⅰ-1-1　模拟电子电路中常用电子仪器布局图

1. 示波器

示波器是一种用途很广的电子测量仪器，它既能直接显示电信号的波形，又能对电信号进行各种参数的测量。现着重指出下列几点：

(1) 寻找扫描光迹。将示波器Y轴显示方式置"Y_1"或"Y_2"，输入耦合方式置"GND"，开机预热后，若在显示屏上不出现光点和扫描基线，可按下列操作去找到扫描线：① 适当调节亮度旋钮；② 触发方式开关置"自动"；③ 适当调节垂直(↑↓)、水平(⇄)"位移"旋钮，使扫描光迹位于屏幕中央(若示波器设有"寻迹"按键，可按下"寻迹"按键，判断光迹偏移基线的方向)。

(2) 双踪示波器一般有五种显示方式，即"Y_1"，"Y_2"，"Y_1+Y_2"三种单踪显示方式和"交替”“断续”两种双踪显示方式。“交替”显示一般适宜于输入信号频率较高时使用，“断续”显示一般适宜于输入信号频率较底时使用。

(3) 为了显示稳定的被测信号波形，“触发源选择”开关一般选为“内”触发，使扫描触发信号取自示波器内部的 Y 通道。

(4) 触发方式开关通常先置于“自动”调出波形后，若被显示的波形仍稳定，可置触发方式开关于“常态”，通过调节“触发电平”旋钮找到合适的触发电压，使被测试的波形稳定地显示在示波器屏幕上。

有时，由于选择了较慢的扫描速率，显示屏上将会出现闪烁的光迹，但被测信号的波形仍在 X 轴方向左右移动，这样的现象仍属于稳定显示。

(5) 适当调节“扫描速率”开关及“Y 轴灵敏度”开关使屏幕上显示 $1\sim2$ 个周期的被测信号波形。在测量幅值时，应注意将“Y 轴灵敏度微调”旋钮置于“校准”位置，即顺时针旋到底，且听到关的声音。在测量周期时，应注意将“X 轴扫速微调”旋钮置于“校准”位置，即顺时针旋到底，且听到关的声音，还要注意“扩展”旋钮的位置。

根据被测波形在屏幕坐标刻度上垂直方向所占的格数(div 或 cm)与“Y 轴灵敏度”开关指示值(v/div)的乘积，即可算得信号幅值的实测值。

根据被测信号波形一个周期在屏幕坐标刻度水平方向所占的格数(div 或 cm)与“扫描速率”开关指示值(t/div)的乘积，即可算得信号频率的实测值。

2. 函数信号发生器

函数信号发生器按需要输出正弦波、方波、三角波三种信号波形。输出电压最大可达 $20V_{p-p}$。通过输出衰减开关和输出幅度调节旋钮，可使输出电压在毫伏级到伏级范围内连续调节。函数信号发生器的输出信号频率可以通过频率分挡开关进行调节。

函数信号发生器作为信号源，它的输出端不允许短路。

3. 交流电压毫伏表

交流电压毫伏表只能在其工作频率范围之内，用来测量正弦交流电压的有效值。为了防止过载而损坏，测量前一般先把量程开关置于量程较大位置上，然后在测量中逐挡减小量程。

三、实验设备与器件

(1) 函数信号发生器。

(2) 双踪示波器。

(3) 交流电压毫伏表。

四、实验内容

1. 用机内校正信号对示波器进行自检

(1) 扫描基线调节。将示波器的显示方式开关置于“单踪”显示(Y_1 或 Y_2)，输入耦合方式开关置“GND”，触发方式开关置于“自动”。开启电源开关后，调节“辉度”“聚焦”“辅助聚焦”等旋钮，使荧光屏上显示一条细而且亮度适中的扫描基线。然后调节“X 轴位移”($\rightleftarrows$)和“Y 轴位移”($\uparrow\downarrow$)旋钮，使扫描线位于屏幕中央，并且能上下左右移动自如。

(2) 测试“校正信号”波形的幅度、频率。将示波器的“校正信号”通过专用电缆线引入选定的Y通道(Y_1或Y_2)，将Y轴输入耦合方式开关置于“AC”或“DC”，触发源选择开关置“内”，内触发源选择开关置“Y_1”或“Y_2”。调节X轴“扫描速率”开关(t/div)和Y轴“输入灵敏度”开关(v/div)，使示波器显示屏上显示出一个或数个周期稳定的方波波形。

1) 校准“校正信号”幅度。将“Y轴灵敏度微调”旋钮置“校准”位置，“Y轴灵敏度”开关置适当位置，读取校正信号幅度，记入表 Ⅰ-1-1。

表 Ⅰ-1-1

	标准值	实测值
幅度 U_{p-p}/V		
频率 f/kHz		
上升沿时间 /μs		
下降沿时间 /μs		

注：不同型号示波器标准值有所不同，请按所使用示波器将标准值填入表格中。

2) 校准“校正信号”频率。将“扫速微调”旋钮置“校准”位置，“扫速”开关置适当位置，读取校正信号周期，记入表 Ⅰ-1-1。

3) 测量“校正信号”的上升时间和下降时间。调节“Y轴灵敏度”开关及微调旋钮，并移动波形，使方波波形在垂直方向上正好占据中心轴上，且上下对称，便于阅读。通过“扫速”开关逐级提高扫描速度，使波形在X轴方向扩展(必要时可以利用“扫速扩展”开关将波形再扩展10倍)，并同时调节触发电平旋钮，从显示屏上清楚地读出上升时间和下降时间，记入表 Ⅰ-1-1。

2. 用示波器和交流电压毫伏表测量信号参数

调节函数信号发生器有关旋钮，使输出频率分别为100 Hz，1 kHz，10 kHz，100 kHz，有效值均为1 V(交流电压毫伏表测量值)的正弦波信号。

改变示波器“扫速”开关及“Y轴灵敏度”开关等位置，测量信号源输出电压频率及峰峰值，记入表 Ⅰ-1-2。

表 Ⅰ-1-2

信号电压频率	示波器测量值		信号电压毫伏表读数 V	示波器测量值	
	周期 /ms	频率 /Hz		峰峰值 /V	有效值 /V
100 Hz					
1 kHz					
10 kHz					
100 kHz					

3. 测量两波形间相位差

(1) 观察双踪显示波形“交替”与“断续”两种显示方式的特点。

Y_1，Y_2均不加输入信号，输入耦合方式置“*GND*”，“扫速”开关置扫速较低挡位(如0.5 s/div挡)和扫速较高挡位(如5 μs/div挡)，把显示方式开关分别置“交替”和“断续”位置，观察两条扫描基线的显示特点，记录之。

(2) 用双踪显示测量两波形间相位差。

1) 按图 Ⅰ-1-2 连接实验电路，将函数信号发生器的输出电压调至频率为 1 kHz，幅值为 2 V 的正弦波，经 RC 移相网络获得频率相同但相位不同的两路信号 u_i 和 u_R，分别加到双踪示波器的 Y_1 和 Y_2 输入端。

为便于稳定波形，比较两波形相位差，应使内触发信号取自被设定作为测量基准的一路信号。

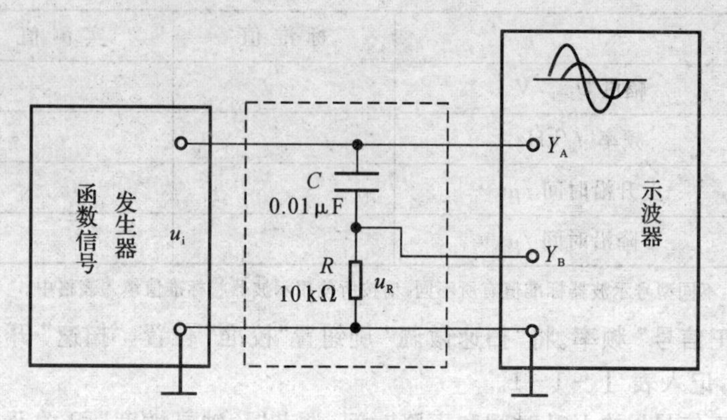

图 Ⅰ-1-2　两波形间相位差测量电路

2) 把显示方式开关置"交替"挡位，将 Y_1 和 Y_2 输入耦合方式开关置"⊥"挡位，调节 Y_1，Y_2 的移位旋钮，使两条扫描基线重合。

3) 将 Y_1，Y_2 输入耦合方式开关置"AC"挡位，调节触发电平、扫速开关及 Y_1，Y_2 灵敏度开关位置，使在荧屏上显示出易于观察的两个相位不同的正弦波形 u_i 及 u_R，如图 Ⅰ-1-3 所示。根据两波形在水平方向差距 X 及信号周期 X_T，则可求得两波形相位差。

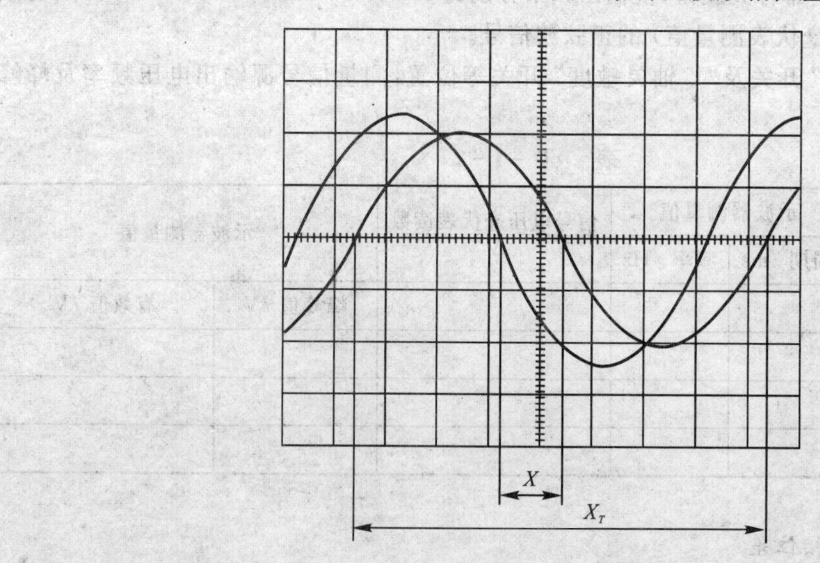

Ⅰ-1-3　双踪示波器显示两相位不同的正弦波

$$\theta = \frac{X(\text{div})}{X_T(\text{div})} \times 360^\circ$$

式中　X_T —— 一周期所占格数；

X —— 两波形在 X 轴方向差距格数。

记录两波形相位差于表Ⅰ-1-3中。

表　Ⅰ-1-3

一周期格数	两波形 X 轴差距格数	相位差	
		实测值	计算值
$X_T=$	$X=$	$\theta=$	$\theta=$

为数读和计算方便，可适当调节扫速开关及微调旋钮，使波形一周期占整数格。

五、实验总结

(1) 整理实验数据，并进行分析。

(2) 问题讨论：

1) 如何操纵示波器有关旋钮，以便从示波器显示屏上观察到稳定、清晰的波形？

2) 用双踪显示波形，并要求比较相位时，为在显示屏上得到稳定波形，应怎样选择下列开关的位置？

a. 显示方式选择(Y_1;Y_2;Y_1+Y_2;交替;断续)；

b. 触发方式选择(常态;自动)；

c. 触发源选择(内;外)；

d. 内触发源选择(Y_1;Y_2 交替)。

(3) 函数信号发生器有哪几种输出波形？它的输出端能否短接，如用屏蔽线作为输出引线，则屏蔽层一端应该接在哪个接线柱上？

(4) 交流电压毫伏表是用来测量正弦波电压还是非正弦波电压？它的表头指示值是被测信号的什么数值？它是否可以用来测量直流电压的大小？

六、实验预习要求

已知 $C=0.01\ \mu F$，$R=10\ k\Omega$，计算图Ⅰ-1-2所示RC移相网络的阻抗角 θ。

实验二　晶体管共射极单管放大器

一、实验目的

(1) 学会放大器静态工作点的调试方法，分析静态工作点对放大器性能的影响。

(2) 掌握放大器电压放大倍数、输入电阻、输出电阻及最大不失真输出电压的测试方法。

(3) 熟悉常用电子仪器及模拟电路实验设备的使用。

二、实验原理

图Ⅰ-2-1为电阻分压式工作点稳定单管放大器实验电路图。它的偏置电路采用 R_{B1} 和 R_{B2} 组成的分压电路，并在发射极中接有电阻 R_E，以稳定放大器的静态工作点。在放大器的输入端加入输入信号 u_i 后，在放大器的输出端便可得到一个与 u_i 相位相反，幅值被放大了的输出信号 u_o，从而实现了电压放大。

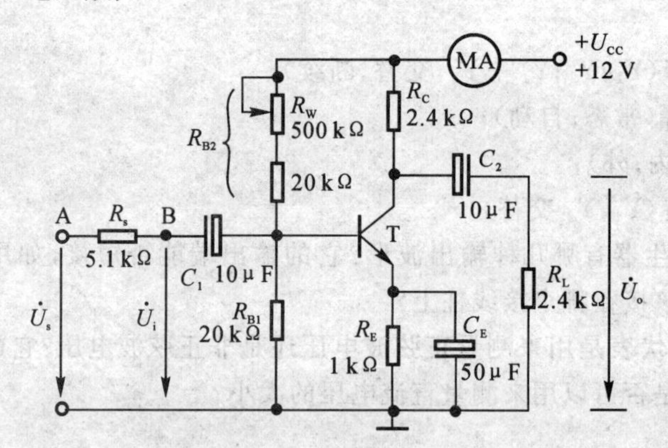

图Ⅰ-2-1　共射极单管放大器实验电路

在图Ⅰ-2-1所示电路中，当流过偏置电阻 R_{B1} 和 R_{B2} 的电流远大于晶体管 T 的基极电流 I_B 时(一般 5 ～ 10 倍)，则它的静态工作点可用下式估算。

$$U_B \approx \frac{R_{B1}}{R_{B1}+R_{B2}} U_{CC}$$

$$I_E \approx \frac{U_B - U_{BE}}{R_E} \approx I_C$$

$$U_{CE} = U_{CC} - I_C(R_C + R_E)$$

电压放大倍数　$$A_V = -\beta \frac{R_C \ /\!/ \ R_L}{r_{be}}$$

输入电阻　$$R_i = R_{B1} /\!/ R_{B2} /\!/ r_{be}$$

输出电阻　$$R_o \approx R_C$$

由于电子器件性能的分散性比较大，因此在设计和制作晶体管放大电路时，离不开测量和调试技术。设计前应测量所用元器件的参数，为电路设计提供必要的依据，完成设计和装配以后，还必须测量和调试放大器的静态工作点和各项性能指标。一个优质放大器，必定是理论设计与实验调整相结合的产物。因此，除了学习放大器的理论知识和设计方法外，还必须掌握必要的测量和调试技术。

放大器的测量和调试一般包括：放大器静态工作点的测量与调试，消除干扰与自激振荡及放大器各项动态参数的测量与调试等。

1. 放大器静态工作点的测量与调试

(1) 静态工作点的测量。测量放大器的静态工作点，应在输入信号 $u_i=0$ 的情况下进行，即将放大器输入端与地端短接，然后选用量程合适的直流电流毫安表和直流电压表，分别测量晶体管的集电极电流 I_C 以及各电极对地的电位 U_B，U_C 和 U_E。一般实验中，为了避免断开集电极，所以采用测量电压 U_E 或 U_C，然后算出 I_C 的方法。例如，只要测出 U_E，即可用 $I_C \approx I_E = \dfrac{U_E}{R_E}$ 算出 I_C（也可根据 $I_C = \dfrac{U_{CC}-U_C}{R_C}$，由 U_C 确定 I_C），同时也能算出 $U_{BE}=U_B-U_E$，$U_{CE}=U_C-U_E$。

为了减小误差，提高测量精度，应选用内阻较高的直流电压表。

(2) 静态工作点的调试。放大器静态工作点的调试是指对管子集电极电流 I_C（或 U_{CE}）的调整与测试。

静态工作点是否合适，对放大器的性能和输出波形都有很大影响。如工作点偏高，放大器在加入交流信号以后易产生饱和失真，此时 u_o 的负半周将被削底，如图 Ⅰ-2-2(a) 所示；如工作点偏低则易产生截止失真，即 u_o 的正半周被缩顶(一般截止失真不如饱和失真明显)，如图 Ⅰ-2-2(b) 所示。这些情况都不符合不失真放大的要求。所以在选定工作点以后还必须进行动态调试，即在放大器的输入端加入一定的输入电压 u_i，检查输出电压 u_o 的大小和波形是否满足要求。如不满足，则应调节静态工作点的位置。

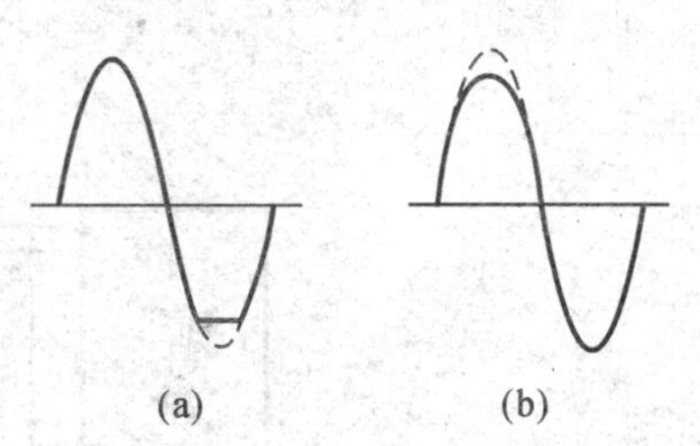

图 Ⅰ-2-2 静态工作点对 u_o 波形失真的影响

改变电路参数 U_{CC}，R_C，R_B（R_{B1}，R_{B2}）都会引起静态工作点的变化，如图 Ⅰ-2-3 所示。但通常多采用调节偏置电阻 R_{B2} 的方法来改变静态工作点，如减小 R_{B2}，则可使静态工作点提高等。

最后还要说明的是，上面所说的工作点“偏高”或“偏低”不是绝对的，应该是相对信号的幅度而言，如输入信号幅度很小，即使工作点较高或较低也不一定会出现失真。所以确切地说，产生波形失真是信号幅度与静态工作点设置配合不当所致。如需满足较大信号幅度的要求，静态工作点最好尽量靠近交流负载线的中点。

2. 放大器动态指标测试

放大器动态指标包括电压放大倍数、输入电阻、输出电阻、最大不失真输出电压（动态范围）和通频带等。

(1) 电压放大倍数 A_V 的测量。调整放大器到合适的静态工作点，然后加入输入电压 u_i，在输出电压 u_o 不失真的情况下，用交流毫伏表测出 u_i 和 u_o 的有效值 U_i 和 U_o，则

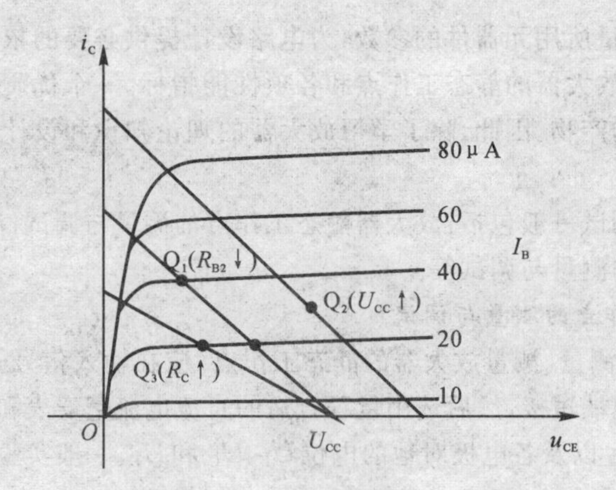

图 Ⅰ-2-3　电路参数对静态工作点的影响

$$A_V = \frac{U_o}{U_i}$$

(2) 输入电阻 R_i 的测量。为了测量放大器的输入电阻，按图 Ⅰ-2-4 电路在被测放大器的输入端与信号源之间串入一已知电阻 R，在放大器正常工作的情况下，用交流电压毫伏表测出 U_s 和 U_i，则根据输入电阻的定义可得

$$R_i = \frac{U_i}{I_i} = \frac{U_i}{\frac{U_R}{R}} = \frac{U_i}{U_s - U_i}R$$

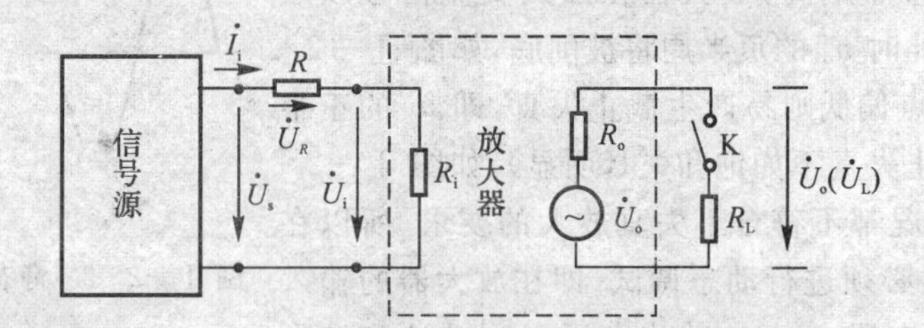

图 Ⅰ-2-4　输入、输出电阻测量电路

测量时应注意下列几点：

1) 由于电阻 R 两端没有电路公共接地点，所以测量 R 两端电压 U_R 时必须分别测出 U_s 和 U_i，然后按 $U_R = U_s - U_i$ 求出 U_R 值。

2) 电阻 R 的值不宜取得过大或过小，以免产生较大的测量误差，通常取 R 与 R_i 为同一数量级为好，本实验可取 $R = 1 \sim 2\ \text{k}\Omega$。

(3) 输出电阻 R_o 的测量。按图 Ⅰ-2-4 电路，在放大器正常工作条件下，测出输出端不接负载 R_L 的输出电压 U_o 和接入负载后的输出电压 U_L，根据

$$U_L = \frac{R_L}{R_o + R_L}U_o$$

即可求出

$$R_o = \left(\frac{U_o}{U_L} - 1\right)R_L$$

在测试中应注意，必须保持 R_L 接入前、后输入信号的大小不变。

(4) 最大不失真输出电压 U_{opp} 的测量（最大动态范围）。如上所述，为了得到最大动态范

围，应将静态工作点调在交流负载线的中点。为此在放大器正常工作情况下，逐步增大输入信号的幅度，并同时调节 R_W（改变静态工作点），用示波器观察 u_o，当输出波形同时出现削底和缩顶现象（见图 Ⅰ-2-5）时，说明静态工作点已调在交流负载线的中点。然后反复调整输入信号，使波形输出幅度最大，且无明显失真时，用交流毫伏表测出 U_o（有效值），则动态范围等于 $2\sqrt{2}U_o$。或用示波器直接读出 U_{opp} 来。

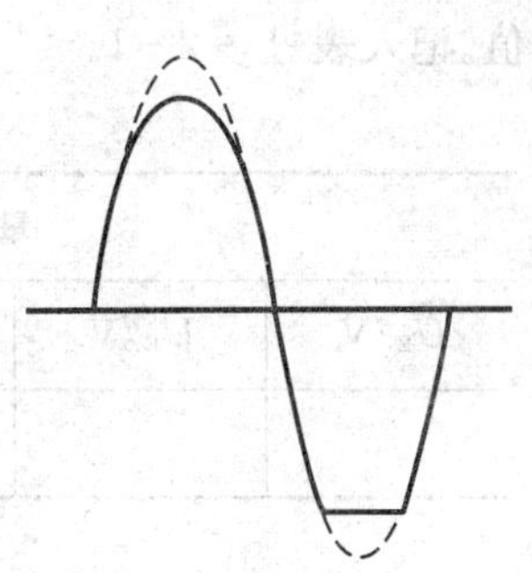

图 Ⅰ-2-5　静态工作点正常，输入信号太大引起的失真

（5）放大器幅频特性的测量。放大器的幅频特性是指放大器的电压放大倍数 A_u 与输入信号频率 f 之间的关系曲线。单管阻容耦合放大电路的幅频特性曲线如图 Ⅰ-2-6 所示，A_{um} 为中频电压放大倍数，通常规定电压放大倍数随频率变化下降到中频放大倍数的 $1/\sqrt{2}$ 倍，即 $0.707A_{um}$ 所对应的频率分别称为下限频率 f_L 和上限频率 f_H，则通频带 $f_{BW} = f_H - f_L$。

放大器的幅率特性就是测量不同频率信号时的电压放大倍数 A_u。为此，可采用前述测 A_u 的方法，每改变一个信号频率，测量其相应的电压放大倍数，测量时应注意取点要恰当，在低频段与高频段应多测几点，在中频段可以少测几点。此外，在改变频率时，要保持输入信号的幅度不变，且输出波形不得失真。

（6）干扰和自激振荡的消除（略）。

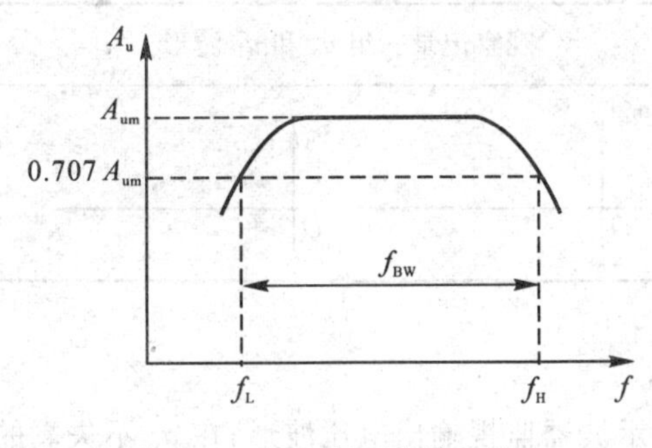

图 Ⅰ-2-6　幅频特性曲线

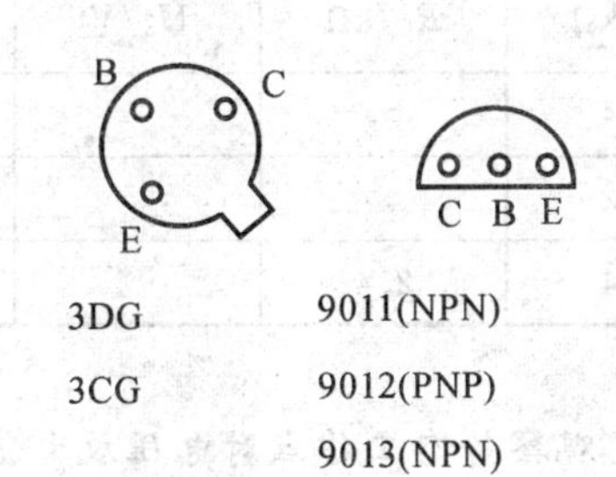

图 Ⅰ-2-7　晶体三极管管脚排列

三、实验设备与器件

（1）＋12V 直流电源。　　（2）函数信号发生器。

（3）双踪示波器。　　（4）交流电压毫伏表。

（5）直流电压表。　　（6）直流电流毫安表。

（7）频率计。　　（8）万用电表。

（9）晶体三极管 3 DG6×1（$\beta = 50 \sim 100$）或 9011×1（管脚排列见图 Ⅰ-2-7）电阻器、电容器若干。

四、实验内容

实验电路如图 Ⅰ-2-1 所示。各电子仪器可按实验一中图 Ⅰ-1-1 所示方式连接，为防止干扰，各仪器的公共端必须连在一起，同时信号源、交流电压毫伏表和示波器的引线应采用专用电缆线或屏蔽线，如使用屏蔽线，则屏蔽线的外包金属网应接在公共接地端上。

1. 调试静态工作点

接通直流电源前，先将 R_W 调至最大，函数信号发生器输出旋钮旋至 0。接通 +12 V 电源，调节 R_W，使 $I_C = 2.0$ mA(即 $U_E = 2.0$ V)，用直流电压表测量 U_B，U_E，U_C 及用万用电表测量 R_{B2} 值。记入表 Ⅰ-2-1。

表 Ⅰ-2-1

测量值				计算值		
U_B/V	U_E/V	U_C/V	R_{B2}/kΩ	U_{BE}/V	U_{CE}/V	I_C/ mA

2. 测量电压放大倍数

在放大器输入端加入频率为 1 kHz 的正弦信号 u_s，调节函数信号发生器的输出旋钮使放大器输入电压 $U_i \approx 10$ mV，同时用示波器观察放大器输出电压 u_o 波形，在波形不失真的条件下用交流电压毫伏表测量下述三种情况下的 U_o 值，并用双踪示波器观察 u_o 和 u_i 的相位关系，记入表 Ⅰ-2-2。

表 Ⅰ-2-2

R_C/kΩ	R_L/kΩ	U_o/V	A_V	观察记录一组 u_o 和 u_1 波形
2.4	∞			u_i — O — t　　u_o — O — t
1.2	∞			
2.4	2.4			

3. 观察静态工作点对电压放大倍数的影响

置 $R_C = 2.4$ kΩ，$R_L = \infty$，U_i 适量，调节 R_W，用示波器监视输出电压波形，在 u_o 不失真的条件下，测量数组 I_C 和 U_o 值，记入表 Ⅰ-2-3。

表 Ⅰ-2-3

I_C/mA			2.0		
U_o/V					
A_V					

测量 I_C 时，要先将信号源输出旋钮旋至 0(即使 $U_i = 0$ V)。

4. 观察静态工作点对输出波形失真的影响

置 $R_C = 2.4$ kΩ，$R_L = 2.4$ kΩ，$U_i = 0$ V，调节 R_W 使 $I_C = 2.0$ mA，测出 U_{CE} 值，再逐步加大输入信号，使输出电压 u_o 足够大但不失真。然后保持输入信号不变，分别增大和减小 R_W，使波形出现失真，绘出 u_o 的波形，并测出失真情况下的 I_C 和 U_{CE} 值，记入表 Ⅰ-2-4。每次测

I_C 和 U_{CE} 值时都要将信号源的输出旋钮旋至 0。

表 Ⅰ-2-4

I_C/mA	U_{CE}/V	u_o 波形	失真情况	管子工作状态
2.0				

5. 测量最大不失真输出电压

置 $R_C = 2.4\ \mathrm{k\Omega}$，$R_L = 2.4\ \mathrm{k\Omega}$，按照实验原理 2(4) 中所述方法，同时调节输入信号的幅度和电位器 R_W，用示波器和交流电压毫伏表测量 U_{opp} 及 U_o 值，记入表 Ⅰ-2-5。

表 Ⅰ-2-5

I_C/mA	U_{im}/ mV	U_{om}/V	U_{opp}/V

6. 测量输入电阻和输出电阻

置 $R_C = 2.4\ \mathrm{k\Omega}$，$R_L = 2.4\ \mathrm{k\Omega}$，$I_C = 2.0\ \mathrm{mA}$。输入 $f = 1\ \mathrm{kHz}$ 的正弦信号，在输出电压 u_o 不失真的情况下，用交流毫伏表测出 U_s，U_i 和 U_L 记入表 Ⅰ-2-6。保持 U_s 不变，断开 R_L，测量输出电压 U_o，记入表 Ⅰ-2-6。

表 Ⅰ-2-6

$\frac{U_s}{\mathrm{mv}}$	$\frac{U_i}{\mathrm{mv}}$	R_i/kΩ		$\frac{U_L}{\mathrm{V}}$	$\frac{U_o}{\mathrm{V}}$	R_o/kΩ	
		测量值	计算值			测量值	计算值

7. 测量幅频特性曲线

取 $I_C = 2.0\ \mathrm{mA}$，$R_C = 2.4\ \mathrm{k\Omega}$，$R_L = 2.4\ \mathrm{k\Omega}$。保持输入信号 u_i 的幅度不变，改变信号源频率 f，逐点测出相应的输出电压 U_o，记入表 Ⅰ-2-7。

为了信号源频率 f 取值合适，可先粗测一下，找出中频范围，然后再仔细读数。

说明：本实验内容较多，其中 6，7 可作为选作内容。

表 Ⅰ-2-7

	f_l	f_o	f_n
f/kHz			
U_o/V			
$A_V = U_o/U_i$			

五、实验总结

(1) 列表整理测量结果，并把实测的静态工作点、电压放大倍数、输入电阻、输出电阻之值与理论计算值比较(取一组数据进行比较)，分析产生误差的原因。

(2) 总结 R_C，R_L 及静态工作点对放大器电压放大倍数、输入电阻、输出电阻的影响。

(3) 讨论静态工作点变化对放大器输出波形的影响。

(4) 分析讨论在调试过程中出现的问题。

六、实验预习要求

(1) 阅读教材中有关单管放大电路的内容并估算实验电路的性能指标。

假设：3DG6 的 $\beta = 100$，$R_{B1} = 20\ \text{k}\Omega$，$R_{B2} = 60\ \text{k}\Omega$，$R_C = 2.4\ \text{k}\Omega$，$R_L = 2.4\ \text{k}\Omega$。

估算放大器的静态工作点，电压放大倍数 A_V，输入电阻 R_i 和输出电阻 R_o。

(2) 能否用直流电压表直接测量晶体管的 U_{BE}？为什么实验中要采用测 U_B，U_E，再间接算出 U_{BE} 的方法？

(3) 怎样测量 R_{B2} 阻值？

(4) 当调节偏置电阻 R_{B2}，使放大器输出波形出现饱和或截止失真时，晶体管的管压降 U_{CE} 怎样变化？

(5) 改变静态工作点对放大器的输入电阻 R_i 有否影响？改变外接电阻 R_L 对输出电阻 R_o 有否影响？

(6) 在测试 A_V，R_i 和 R_o 时怎样选择输入信号的大小和频率？为什么信号频率一般选 1 kHz，而不选 100 kHz 或更高？

(7) 测试中，如果将函数信号发生器、交流电压毫伏表、示波器中任一仪器的两个测试端子接线换位(即各仪器的接地端不再连在一起)，将会出现什么问题？

注：图 Ⅰ-2-8 所示为共射极单管放大器与带有负反馈的两级放大器共用实验模块。如将 K_1，K_2 断开，则前级(Ⅰ)为典型电阻分压式单管放大器；如将 K_1，K_2 接通，则前级(Ⅰ)与后级(Ⅱ)接通，组成带有电压串联负反馈两级放大器。

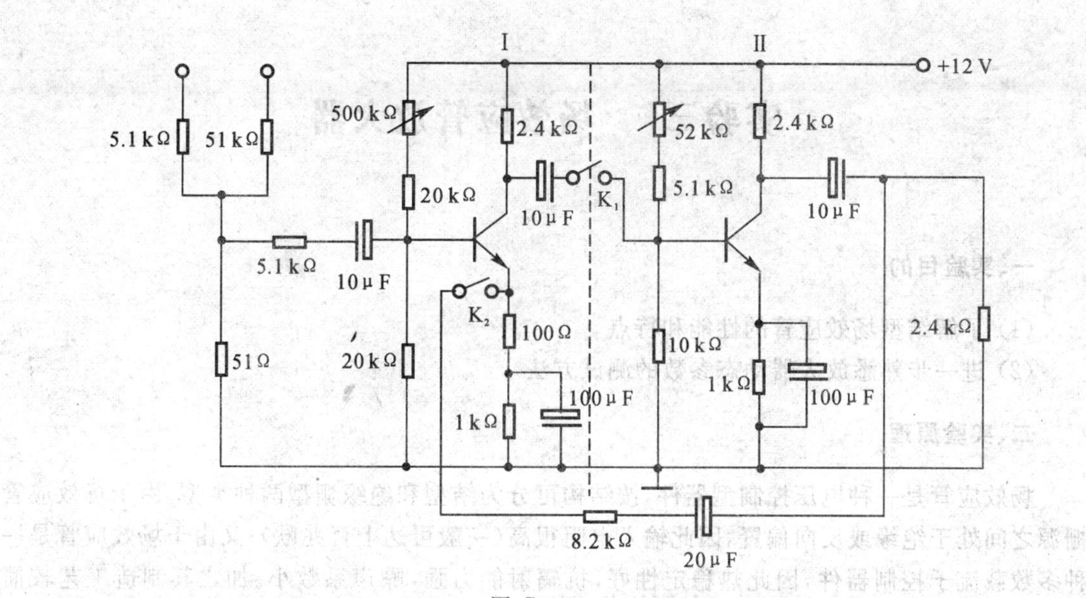

I
II
+12 V
5.1 kΩ
51 kΩ
500 kΩ
2.4 kΩ
52 kΩ
2.4 kΩ
20 kΩ
10 μF
K₁
5.1 kΩ
10 μF
5.1 kΩ
10 μF
K₂
100 Ω
2.4 kΩ
51 Ω
20 kΩ
10 kΩ
1 kΩ
100 μF
100 μF
1 kΩ
8.2 kΩ
20 μF

图 I -2-8

实验三　场效应管放大器

一、实验目的

(1) 了解结型场效应管的性能和特点。

(2) 进一步熟悉放大器动态参数的测试方法。

二、实验原理

场效应管是一种电压控制型器件，按结构可分为结型和绝缘栅型两种类型。由于场效应管栅源之间处于绝缘或反向偏置，因此输入电阻很高(一般可达上百兆欧)；又由于场效应管是一种多数载流子控制器件，因此热稳定性好，抗辐射能力强，噪声系数小。加之其制造工艺较简单，便于大规模集成，因此得到越来越广泛的应用。

1. 结型场效应管的特性和参数

场效应管的特性主要有输出特性和转移特性。图Ⅰ-3-1所示为N沟道结型场效应管3DJ6F的输出特性和转移特性曲线。其直流参数主要有饱和漏极电流I_{DSS}，夹断电压U_P等；交流参数主要有低频跨导。

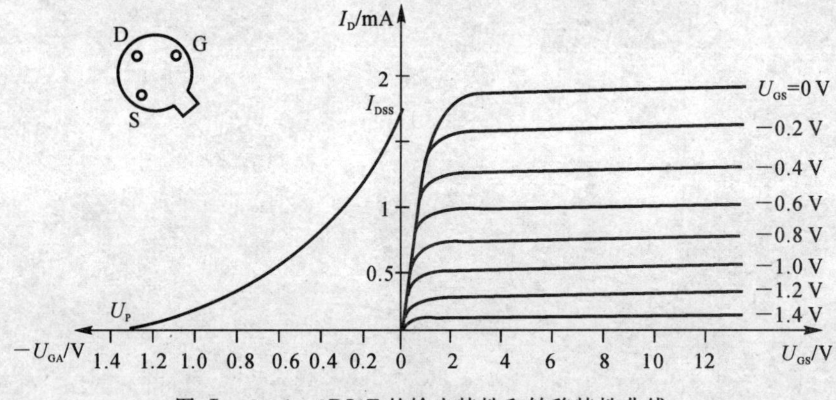

图Ⅰ-3-1　3DJ6F的输出特性和转移特性曲线

$$g_m = \left.\frac{\Delta I_D}{\Delta U_{GS}}\right|_{U_{DS}=\text{常数}}$$

表Ⅰ-3-1列出了3DJ6F的典型参数值及测试条件。

表Ⅰ-3-1

参数名称	饱和漏极电流 I_{DSS}/mA	夹断电压 U_P/V	跨导 g_m/(μA/V)
测试条件	$U_{DS}=10$ V $U_{GS}=0$ V	$U_{DS}=10$ V $I_{DS}=50$ μA	$U_{DS}=10$ V $I_{DS}=3$ mA $f=1$ kHz
参数值	1～3.5	<|−9|	>100

2. 场效应管放大器性能分析

图Ⅰ-3-2为结型场效应管组成的共源级放大电路。其静态工作点

$$U_{GS} = U_G - U_s = \frac{R_{g1}}{R_{g1} + R_{g2}} U_{DD} - I_D R_s$$

$$I_D = I_{DSS}\left(1 - \frac{U_{GS}}{U_P}\right)^2$$

中频电压放大倍数 $A_V = -g_m R_L' = -g_m R_D // R_L$

输入电阻 $R_i = R_G + R_{g1} // R_{g2}$

输出电阻 $R_o \approx R_D$

式中，跨导 g_m 可由特性曲线用作图法求得，或用公式计算。但要注意，计算时 U_{GS} 要用静态工作点处之数值。

$$g_m = -\frac{2I_{DSS}}{U_P}\left(1 - \frac{U_{GS}}{U_P}\right)$$

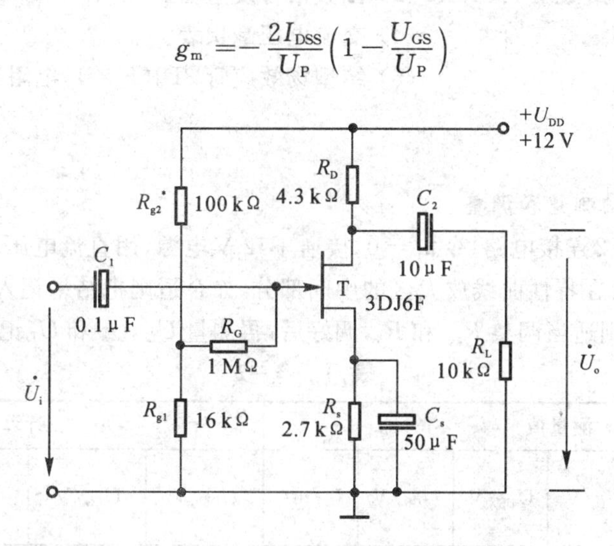

图Ⅰ-3-2　结型场效应管共源级放大器

3. 输入电阻的测量方法

场效应管放大器的静态工作点、电压放大倍数和输出电阻的测量方法，与实验二中晶体管放大器的测量方法相同。其输入电阻的测量，从原理上讲，也可采用实验二中所述方法，但由于场效应管的 R_i 比较大，如直接测输入电压 U_s 和 U_i，则限于测量仪器的输入电阻有限，必然会带来较大的误差。因此为了减小误差，常利用被测放大器的隔离作用，通过测量输出电压 U_o 来计算输入电阻。测量电路如图Ⅰ-3-3所示。

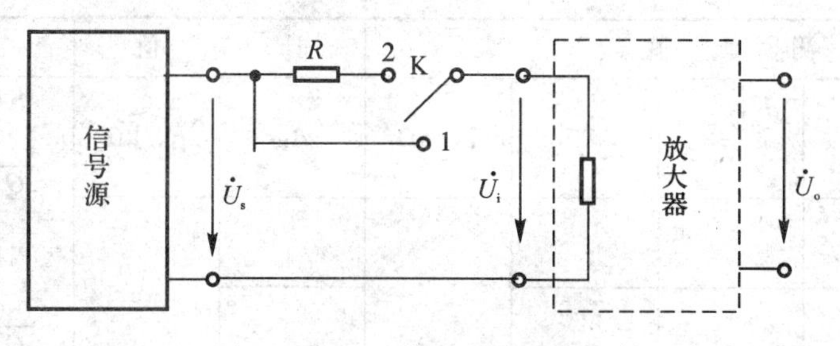

图Ⅰ-3-3　输入电阻测量电路

在放大器的输入端串入电阻 R，把开关 K 掷向位置 1（即使 $R=0$），测量放大器的输出电压 $U_{o1}=A_V U_s$；保持 U_s 不变，再把 K 掷向 2（即接入 R），测量放大器的输出电压 U_{o2}。由于两次测量中 A_V 和 U_s 保持不变，故

$$U_{o2}=A_V U_i=\frac{R_i}{R+R_i}U_s A_V$$

由此可以求出

$$R_i=\frac{U_{o2}}{U_{o1}-U_{o2}}R$$

式中，R 和 R_i 不要相差太大，本实验可取 $R=100\sim 200\ \text{k}\Omega$。

三、实验设备与器件

(1) ＋12 V 直流电源。 (2) 函数信号发生器。

(3) 双踪示波器。 (4) 交流电压毫伏表。

(5) 直流电压表。 (6) 结型场效应管 3DJ6F×1，电阻器、电容器若干。

四、实验内容

1. 静态工作点的测量和调整

(1) 按图Ⅰ-3-2连接电路，令 $u_i=0$，接通＋12 V电源，用直流电压表测量 U_G，U_s 和 U_D。检查静态工作点是否在特性曲线放大区的中间部分。如合适则把结果记入表Ⅰ-3-2。

(2) 若不合适，则适当调整 R_{g2} 和 R_s，调好后，再测量 U_G，U_s 和 U_D 记入表Ⅰ-3-2。

表Ⅰ-3-2

<table>
<tr><th colspan="6">测量值</th><th colspan="3">计算值</th></tr>
<tr><td>U_G/V</td><td>U_s/V</td><td>U_D/V</td><td>U_{DS}/V</td><td>U_{GS}/V</td><td>I_D/mA</td><td>U_{DS}/V</td><td>U_{GS}/V</td><td>I_D/mA</td></tr>
<tr><td></td><td></td><td></td><td></td><td></td><td></td><td></td><td></td><td></td></tr>
</table>

2. 电压放大倍数 A_V、输入电阻 R_i 和输出电阻 R_o 的测量

(1) A_V 和 R_o 的测量。在放大器的输入端加入 $f=1\ \text{kHz}$ 的正弦信号 U_i（≈50～100 mV），并用示波器监视输出电压 u_o 的波形。在输出电压 u_o 没有失真的条件下，用交流电压毫伏表分别测量 $R_L=\infty$ 和 $R_L=10\ \text{k}\Omega$ 时的输出电压 U_o（注意：保持 U_i 幅值不变），记入表Ⅰ-3-3。

表Ⅰ-3-3

<table>
<tr><th></th><th colspan="4">测 量 值</th><th colspan="2">计 算 值</th><th>u_i 和 u_o 波形</th></tr>
<tr><td></td><td>$\frac{U_i}{V}$</td><td>$\frac{U_o}{V}$</td><td>A_V</td><td>R_o/kΩ</td><td>A_V</td><td>R_o/kΩ</td><td rowspan="3">u_o ↑ O → t
u_o ↑ O → t</td></tr>
<tr><td>$R_L=\infty$</td><td></td><td></td><td></td><td rowspan="2"></td><td></td><td rowspan="2"></td></tr>
<tr><td>$R_L=10\ \text{k}\Omega$</td><td></td><td></td><td></td><td></td></tr>
</table>

用示波器同时观察 u_i 和 u_o 的波形，描绘出来并分析它们的相位关系。

(2) R_i 的测量。按图Ⅰ-3-3改接实验电路，选择合适大小的输入电压 U_s(约 50 ～ 100 mV)，将开关K掷向"1"，测出 $R=0$ 时的输出电压 U_{o1}，然后将开关掷向"2"(接入 R)，保持 U_s 不变，再测出 U_{o2}，根据公式 $R_i=\frac{U_{o2}}{U_{o1}-U_{o2}}R$ 求出 R_i，记入表Ⅰ-3-4。

表Ⅰ-3-4

测　量　值			计　算　值
U_{o1}/V	U_{o2}/V	R_i/kΩ	R_i/kΩ

五、实验总结

(1) 整理实验数据，将测得的 A_V，R_i，R_o 和理论计算值进行比较。

(2) 把场效应管放大器与晶体管放大器进行比较，总结场效应管放大器的特点。

(3) 分析测试中的问题，总结实验收获。

六、实验预习要求

(1) 复习有关场效应管部分内容，并分别用图解法与计算法估算管子的静态工作点(根据实验电路参数)，求出工作点处的跨导 g_m。

(2) 场效应管放大器输入回路的电容 C_1 为什么可以取得小一些(可以取 $C_1=0.1\ \mu F$)?

(3) 在测量场效应管静态工作电压 U_{GS} 时，能否用直流电压表直接并在G，S两端测量?为什么?

(4) 为什么测量场效应管输入电阻时要用测量输出电压的方法?

实验四　负反馈放大器

一、实验目的

加深理解放大电路中引入负反馈的方法和负反馈对放大器各项性能指标的影响。

二、实验原理

负反馈在电子电路中有着非常广泛的应用，虽然它使放大器的放大倍数降低，但能在多方面改善放大器的动态指标，如稳定放大倍数，改变输入、输出电阻，减小非线性失真和展宽通频带等。因此，几乎所有的实用放大器都带有负反馈。

负反馈放大器有四种组态，即电压串联、电压并联、电流串联、电流并联。本实验以电压串联负反馈为例，分析负反馈对放大器各项性能指标的影响。

图Ⅰ-4-1所示为带有负反馈的两级阻容耦合放大电路，在电路中通过 R_f 把输出电压 u_o 引回到输入端，加在晶体管 T_1 的发射极上，在发射极电阻 R_{F1} 上形成反馈电压 u_f。根据反馈的判断法可知，它属于电压串联负反馈。

主要性能指标如下：

(1) 闭环电压放大倍数

$$A_{Vf}=\frac{A_V}{1+A_VF_V}$$

式中　$A_V=U_o/U_i$ —— 基本放大器（无反馈）的电压放大倍数，即开环电压放大倍数；

$1+A_VF_V$ —— 反馈深度，它的大小决定了负反馈对放大器性能改善的程度。

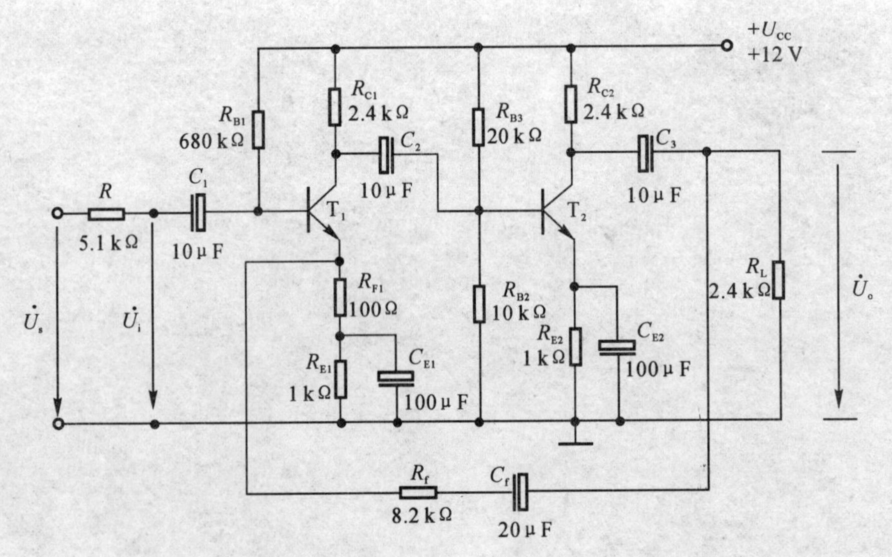

图Ⅰ-4-1　带有电压串联负反馈的两级阻容耦合放大器

(2) 反馈系数 $$F_V = \frac{R_{F1}}{R_f + R_{F1}}$$

(3) 输入电阻 $$R_{if} = (1 + A_V F_V) R_i$$

式中 R_i—— 基本放大器的输入电阻。

(4) 输出电阻 $$R_{of} = \frac{R_o}{1 + A_{Vo} F_V}$$

式中 R_o—— 基本放大器的输出电阻；

A_{Vo}—— 基本放大器 $R_L = \infty$ 时的电压放大倍数。

本实验还需要测量基本放大器的动态参数，怎样实现无反馈而得到基本放大器呢？不能简单地断开反馈支路，而是要去掉反馈作用，但又要把反馈网络的影响（负载效应）考虑到基本放大器中去。为此：

(1) 在画基本放大器的输入回路时，因为是电压负反馈，所以可将负反馈放大器的输出端交流短路，即令 $u_o = 0$，此时 R_f 相当于并联在 R_{F1} 上。

(2) 在画基本放大器的输出回路时，由于输入端是串联负反馈，因此需将反馈放大器的输入端（T_1 管的射极）开路，此时 $(R_f + R_{F1})$ 相当于并接在输出端。可近似认为 R_f 并接在输出端。

根据上述规律，就可得到所要求的如图 Ⅰ-4-2 所示的基本放大器。

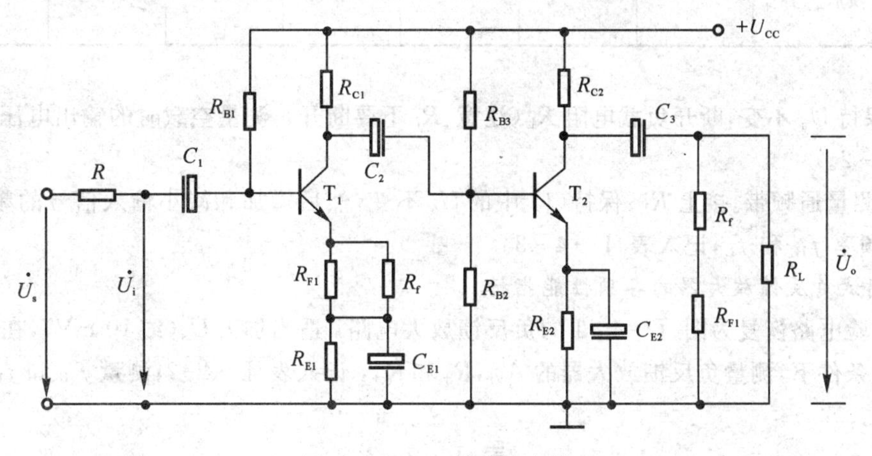

图 Ⅰ-4-2 基本放大器

三、实验设备与器件

(1) +12V 直流电源。 (2) 函数信号发生器。

(3) 双踪示波器。 (4) 频率计。

(5) 交流电压毫伏表。 (6) 直流电压表。

(7) 晶体三极管 3DG6 × 2($\beta = 50 \sim 100$) 或 9011 × 2 电阻器、电容器若干。

四、实验内容

1. 测量静态工作点

按图 Ⅰ-4-1 连接实验电路，取 $U_{CC} = +12$ V，$U_i = 0$，用直流电压表分别测量第一级、第二级的静态工作点，记入表 Ⅰ-4-1。

表 Ⅰ -4-1

	U_B/V	U_E/V	U_C/V	I_C/mA
第一级				
第二级				

2. 测试基本放大器的各项性能指标

将实验电路按图 Ⅰ-4-2 改接，即把 R_f 断开后分别并在 R_{F1} 和 R_L 上，其他连线不动。

(1) 测量中频电压放大倍数 A_V，输入电阻 R_i 和输出电阻 R_o。

1) 以 $f=1$ kHz，U_s 约 5 mV 正弦信号输入放大器，用示波器监视输出波形 u_o，在 u_o 不失真的情况下，用交流毫伏表测量 U_s，U_i，U_L，记入表 Ⅰ-4-2。

表 Ⅰ -4-2

基本放大器	U_s/mV	U_i/mV	U_L/V	U_o/V	A_V	R_i/kΩ	R_o/kΩ
负反馈放大器	U_s/mV	U_i/mV	U_L/V	U_o/V	A_{Vf}	R_{if}/kΩ	R_{of}/kΩ

2) 保持 U_s 不变，断开负载电阻 R_L（注意：R_f 不要断开），测量空载时的输出电压 U_o，记入表 Ⅰ-4-2。

(2) 测量通频带。接上 R_L，保持(1) 中的 U_s 不变，然后增加和减小输入信号的频率，找出上、下限频率 f_H 和 f_L，记入表 Ⅰ-4-3。

3. 测试负反馈放大器的各项性能指标

将实验电路恢复为图 Ⅰ-4-1 的负反馈放大电路。适当加大 U_s（约 10 mV），在输出波形不失真的条件下，测量负反馈放大器的 A_{Vf}，R_{if} 和 R_{of}，记入表 Ⅰ-4-2；测量 f_{Hf} 和 f_{Lf}，记入表 Ⅰ-4-3。

表 Ⅰ -4-3

基本放大器	f_L/kHz	f_H/kHz	Δf/kHz
负反馈放大器	f_{Lf}/kHz	f_{Hf}/kHz	Δf_f/kHz

4. 观察负反馈对非线性失真的改善

(1) 实验电路改接成基本放大器形式，在输入端加入 $f=1$ kHz 的正弦信号，输出端接示波器，逐渐增大输入信号的幅度，使输出波形开始出现失真，记下此时的波形和输出电压的幅度。

(2) 再将实验电路改接成负反馈放大器形式，增大输入信号幅度，使输出电压幅度的大小与(1) 相同，比较有负反馈时，输出波形的变化。

五、实验总结

(1) 将基本放大器和负反馈放大器动态参数的实测值和理论估算值列表进行比较。

(2) 根据实验结果，总结电压串联负反馈对放大器性能的影响。

六、实验预习要求

(1) 复习教材中有关负反馈放大器的内容。

(2) 按实验电路图 Ⅰ-4-1 估算放大器的静态工作点（取 $\beta_1 = \beta_2 = 100$）。

(3) 怎样把负反馈放大器改接成基本放大器？为什么要把 R_f 并接在输入和输出端？

(4) 估算基本放大器的 A_V，R_i 和 R_o；估算负反馈放大器的 A_{Vf}，R_{if} 和 R_{of}，并验算它们之间的关系。

(5) 如按深负反馈估算，则闭环电压放大倍数 A_{Vf} 的计算值是多少？测量值是否一致？为什么？

(6) 如输入信号存在失真，能否用负反馈来改善？

(7) 怎样判断放大器是否存在自激振荡？如何进行消振？

注：如果实验装置上有放大器的固定实验模块，则可参考实验二图 Ⅰ-2-8 进行实验。

实验五　射极跟随器

一、实验目的

(1) 掌握射极跟随器的特性及测试方法。

(2) 进一步学习放大器各项参数的测试方法。

二、实验原理

射极跟随器的原理图如图Ⅰ-5-1所示。它是一个电压串联负反馈放大电路,具有输入电阻高,输出电阻低,电压放大倍数接近于1,输出电压能够在较大范围内跟随输入电压作线性变化以及输入、输出信号同相等特点。

射极跟随器的输出取自发射极,故称其为射极输出器。

1. 输入电阻 R_i

如图Ⅰ-5-1所示电路中

$$R_i = r_{be} + (1+\beta)R_E$$

如考虑偏置电阻 R_B 和负载 R_L 的影响,则

$$R_i = R_B \mathbin{/\!/} [r_{be} + (1+\beta)(R_E \mathbin{/\!/} R_L)]$$

由上式可知射极跟随器的输入电阻 R_i 比共射极单管放大器的输入电阻 $R_i = R_B \mathbin{/\!/} r_{be}$ 要高得多,但由于偏置电阻 R_B 的分流作用,输入电阻难以进一步提高。

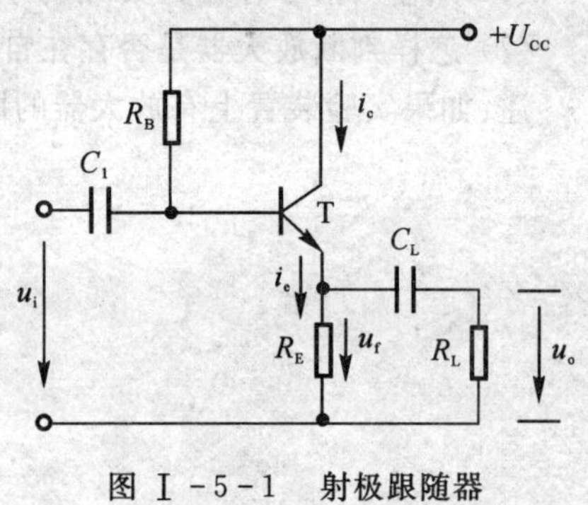

图Ⅰ-5-1　射极跟随器

输入电阻的测试方法同单管放大器,实验线路如图Ⅰ-5-2所示。

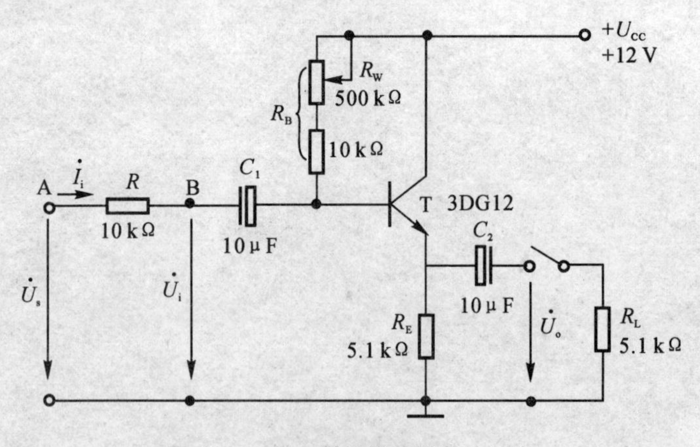

图Ⅰ-5-2　射极跟随器实验电路

$$R_i = \frac{U_i}{I_i} = \frac{U_i}{U_s - U_i}R$$

即只要测得 A,B 两点的对地电位即可计算出 R_i。

2. 输出电阻 R_o

如图 Ⅰ-5-1 所示电路中

$$R_o = \frac{r_{be}}{\beta} // R_E \approx \frac{r_{be}}{\beta}$$

如考虑信号源内阻 R_S,则

$$R_o = \frac{r_{be} + (R_S // R_B)}{\beta} // R_E \approx \frac{r_{be} + (R_S // R_B)}{\beta}$$

由上式可知,射极跟随器的输出电阻 R_o 比共射极单管放大器的输出电阻 $R_o \approx R_C$ 低得多。三极管的 β 愈高,输出电阻愈小。

输出电阻 R_o 的测试方法亦同单管放大器,即先测出空载输出电压 U_o,再测接入负载 R_L 后的输出电压 U_L,根据

$$U_L = \frac{R_L}{R_o + R_L} U_o$$

即可求出

$$R_o = \left(\frac{U_o}{U_L} - 1\right) R_L$$

3. 电压放大倍数

如图 Ⅰ-5-1 所示电路中

$$A_V = \frac{(1+\beta)(R_E // R_L)}{r_{be} + (1+\beta)(R_E // R_L)} \leqslant 1$$

上式说明,射极跟随器的电压放大倍数小于近于 1,且为正值。这是深度电压负反馈的结果。但它的射极电流仍比基流大 $(1+\beta)$ 倍,所以它具有一定的电流和功率放大作用。

4. 电压跟随范围

电压跟随范围是指射极跟随器输出电压 u_o 跟随输入电压 u_i 作线性变化的区域。当 u_i 超过一定范围时,u_o 便不能跟随 u_i 作线性变化,即 u_o 波形失真。为了使输出电压 u_o 正、负半周对称,并充分利用电压跟随范围,静态工作点应选在交流负载线中点,测量时可直接用示波器读取 u_o 的峰峰值,即电压跟随范围;或用交流电压毫伏表读取 u_o 的有效值,则电压跟随范围

$$U_{opp} = 2\sqrt{2} U_o$$

三、实验设备与器件

(1) +12 V 直流电源。　　(2) 函数信号发生器。

(3) 双踪示波器。　　(4) 交流电压毫伏表。

(5) 直流电压表。　　(6) 频率计。

(7) 3DG12×1 ($\beta = 50 \sim 100$) 或 9013 电阻器、电容器若干。

四、实验内容

按图 Ⅰ-5-2 组接电路。

1. 静态工作点的调整

接通 +12 V 直流电源,在 B 点加入 $f = 1$ kHz 正弦信号 u_i,输出端用示波器监视输出波

形，反复调整 R_W 及信号源的输出幅度，使在示波器的屏幕上得到一个最大不失真输出波形，然后置 $u_i=0$，用直流电压表测量晶体管各电极对地电势，将测得数据记入表Ⅰ-5-1。

表Ⅰ-5-1

U_E/V	U_B/V	U_C/V	I_E/mA

在下面整个测试过程中应保持 R_W 值不变(即保持静工作点 I_E 不变)。

2. 测量电压放大倍数 A_V

接入负载 $R_L=1\ k\Omega$，在 B 点加 $f=1$ kHz 正弦信号 u_i，调节输入信号幅度，用示波器观察输出波形 u_o，在输出最大不失真情况下，用交流电压毫伏表测 U_i，U_L 值，记入表Ⅰ-5-2。

表Ⅰ-5-2

U_i/V	U_L/V	A_V

3. 测量输出电阻 R_o

接上负载 $R_L=1\ k\Omega$，在 B 点加 $f=1$ kHz 正弦信号 u_i，用示波器监视输出波形，测空载输出电压 U_o，有负载时输出电压 U_L，记入表Ⅰ-5-3。

表Ⅰ-5-3

U_o/V	U_L/V	R_o/kΩ

4. 测量输入电阻 R_i

在 A 点加 $f=1$ kHz 的正弦信号 u_s，用示波器监视输出波形，用交流电压毫伏表分别测出 A，B 点对地的电势 U_s，U_i，记入表Ⅰ-5-4。

表Ⅰ-5-4

U_S/V	U_i/V	R_i/kΩ

5. 测试跟随特性

接入负载 $R_L=1\ k\Omega$，在 B 点加入 $f=1$ kHz 正弦信号 u_i，逐渐增大信号 u_i 幅度，用示波器监视输出波形直至输出波形达最大不失真，测量对应的 U_L 值，记入表Ⅰ-5-5。

表Ⅰ-5-5

U_i/V	U_L/V

6. 测试频率响应特性

保持输入信号 u_i 幅度不变，改变信号源频率，用示波器监视输出波形，用交流毫伏表测量不同频率下的输出电压 U_L 值，记入表Ⅰ-5-6。

表Ⅰ-5-6

f/kHz	
U_L/V	

五、实验总结

(1) 整理实验数据，并画出曲线 $U_L = f(U_i)$ 及 $U_L = f(f)$ 曲线。

(2) 分析射极跟随器的性能和特点。

附：采用自举电路的射极跟随器。

在一些电子测量仪器中，为了减轻仪器对信号源所取用的电流，以提高测量精度，通常采用图Ⅰ-5-3所示带有自举电路的射极跟随器，以提高偏置电路的等效电阻，从而保证射极跟随器有足够高的输入电阻。

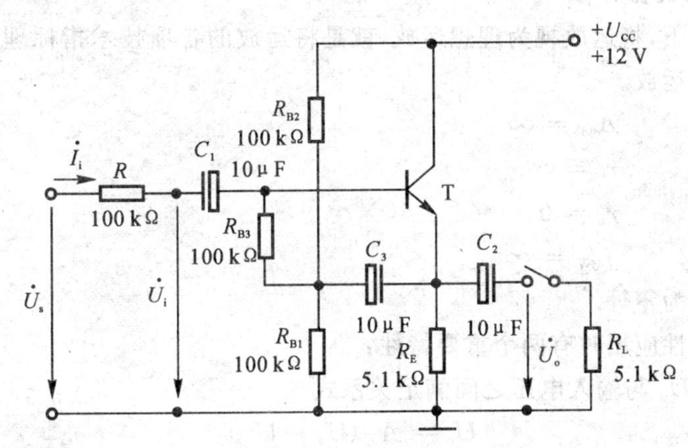

图Ⅰ-5-3　有自举电路的射极跟随器

六、实验预习要求

(1) 复习射极跟随器的工作原理。

(2) 根据图Ⅰ-5-2的元件参数值估算静态工作点，并画出交、直流负载线。

实验六　模拟运算电路

一、实验目的

(1) 研究由集成运算放大器组成的比例、加法、减法和积分等基本运算电路的功能。

(2) 了解运算放大器(简称“运放”)在实际应用时应考虑的一些问题。

二、实验原理

集成运算放大器是一种具有高电压放大倍数的直接耦合多级放大电路。当外部接入不同的线性或非线性元器件组成输入和负反馈电路时,可以灵活地实现各种特定的函数关系。在线性应用方面,可组成比例、加法、减法、积分、微分、对数等模拟运算电路。

1. 理想运算放大器特性

在大多数情况下,将运放视为理想运放,就是将运放的各项技术指标理想化,满足下列条件的运放称为理想运放。

开环电压增益　$A_{ud}=\infty$

输入阻抗　$r_i=\infty$

输出阻抗　$r_o=0$

带宽　$f_{BW}=\infty$

失调与漂移均为零等。

理想运放在线性应用时有两个重要特性:

(1) 输出电压 U_o 与输入电压之间满足关系式

$$U_o=A_{ud}(U_+-U_-)$$

由于 $A_{ud}=\infty$,而 U_o 为有限值,因此,$U_+-U_-\approx 0$。即 $U_+\approx U_-$,称为“虚短”。

(2) 由于 $r_i=\infty$,故流进运放两个输入端的电流可视为零,即 $I_{IB}=0$,称为“虚断”。这说明运放对其前级吸取电流极小。

上述两个特性是分析理想运放应用电路的基本原则,可简化运放电路的计算。

2. 基本运算电路

(1) 反相比例运算电路。电路如图 Ⅰ-6-1 所示,对于理想运放,该电路的输出电压与输入电压之间的关系为

$$U_o=\frac{R_F}{R_1}U_i$$

为了减小输入级偏置电流引起的运算误差,在同相输入端应接入平衡电阻 $R_2=R_1//R_F$。

(2) 反相加法运算电路。电路如图 Ⅰ-6-2 所示,输出电压与输入电压之间的关系为

$$U_o=-\left(\frac{R_F}{R_1}U_{i1}+\frac{R_F}{R_2}U_{i2}\right),\qquad R_3=R_1//R_2//R_F$$

(3) 同相比例运算电路。电路如图 Ⅰ-6-3(a) 所示,输出电压与输入电压之间的关系为

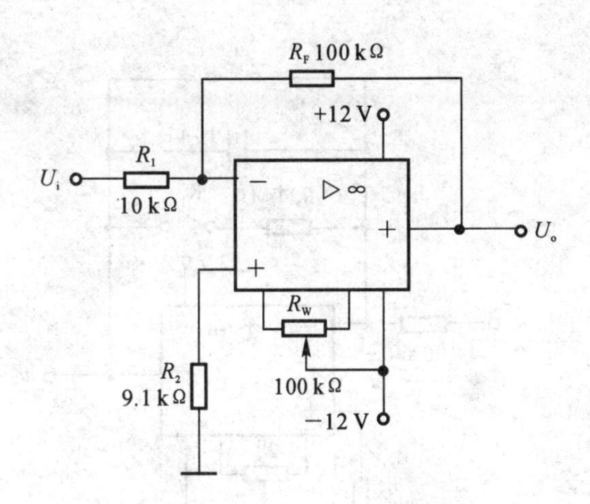

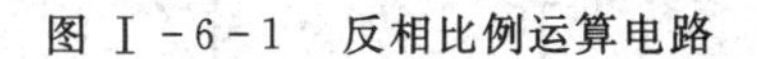
图 Ⅰ-6-1　反相比例运算电路

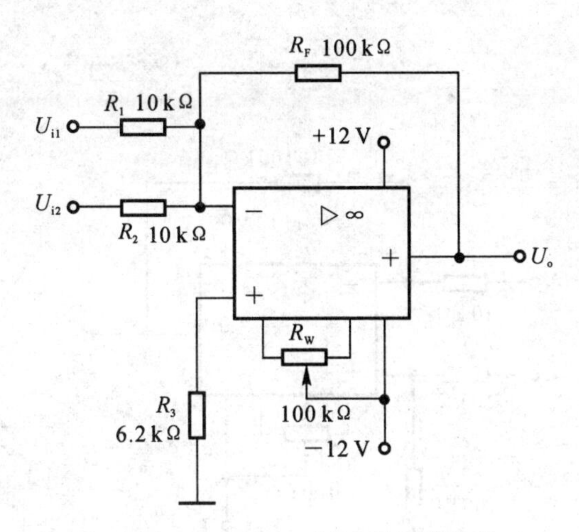

图 Ⅰ-6-2　反相加法运算电路

$$U_o = \left(1 + \frac{R_F}{R_1}\right)U_i, \qquad R_2 = R_1 // R_F$$

当 $R_1 \to \infty$ 时，$U_o = U_i$，即得到如图 Ⅰ-6-3(b) 所示的电压跟随器。图中 $R_2 = R_F$，用以减小漂移和起保护作用。一般 R_F 取 10 kΩ，R_F 太小起不到保护作用，太大则影响跟随性。

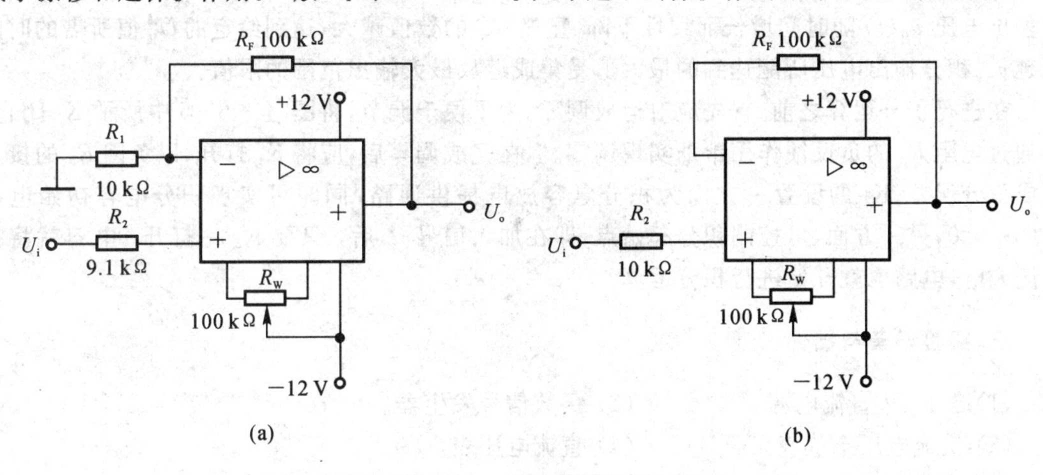

图 Ⅰ-6-3　同相比例运算电路

(a) 同相比例运算电路；(b) 电压跟随器

(4) 差动放大电路(减法器)。对于如图 Ⅰ-6-4 所示的减法运算电路，当 $R_1 = R_2$，$R_3 = R_F$ 时，有关系式

$$U_o = \frac{R_F}{R_1}(U_{i2} - U_{i1})$$

(5) 积分运算电路。反相积分电路如图 Ⅰ-6-5 所示。在理想化条件下，输出电压为

$$u_o(t) = -\frac{1}{R_1 C}\int_0^t u_i \mathrm{d}t + u_C(0)$$

式中　$u_C(0)$——$t = 0$ 时刻电容 C 两端的电压值，即初始值。

如果 $u_i(t)$ 是幅值为 E 的阶跃电压，并设 $u_C(0) = 0$，则

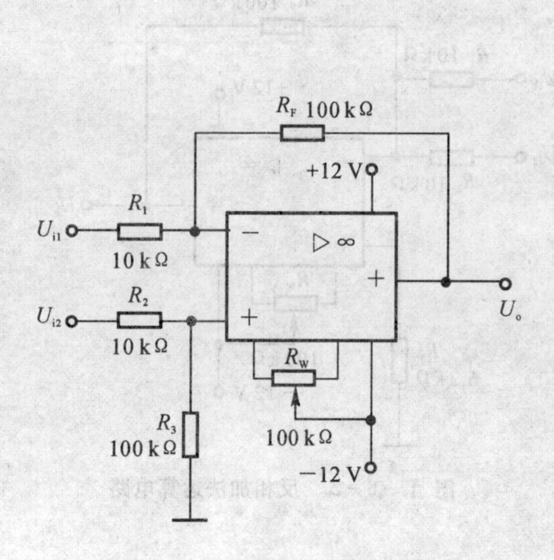

图 Ⅰ-6-4　减法运算电路

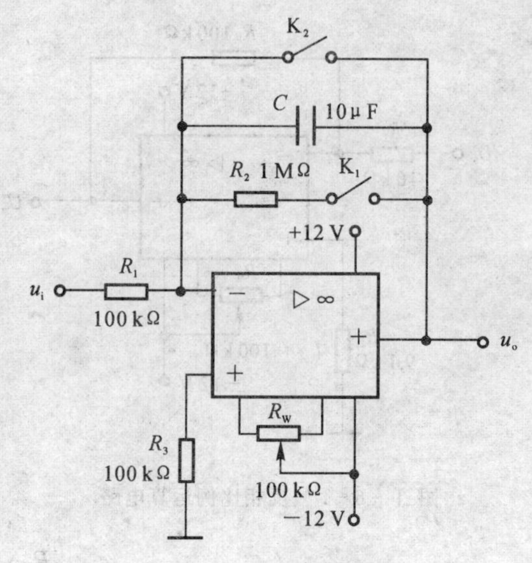

图 Ⅰ-6-5　积分运算电路

$$u_o(t) = -\frac{1}{R_1 C}\int_0^t E\mathrm{d}t = -\frac{E}{R_1 C}t$$

即输出电压 $u_o(t)$ 随时间增长而线性下降。显然 RC 的数值越大，达到给定的 U_o 值所需的时间就越长。积分输出电压所能达到的最大值受集成运放最大输出范围的限值。

在进行积分运算之前，首先应对运放调零。为了便于调节，将图 Ⅰ-6-5 中所示 K_1 闭合，即通过电阻 R_2 的负反馈作用帮助实现调零。但在完成调零后，应将 K_1 打开，以免因 R_2 的接入造成积分误差。K_2 的设置一方面为积分电容放电提供通路，同时可实现积分电容初始电压 $u_C(0)=0$，另一方面，可控制积分起始点，即在加入信号 u_i 后，只要 K_2 一打开，电容就将被恒流充电，电路也就开始进行积分运算。

三、实验设备与器件

(1) ±12 V 直流电源。　　(2) 函数信号发生器。

(3) 交流电压毫伏表。　　(4) 直流电压表。

(5) 集成运算放大器 μA741×1 及电阻器、电容器若干。

四、实验内容

实验前要看清运放组件各管脚的位置；切忌正、负电源极性接反和输出端短路，否则将会损坏集成块。

1. 反相比例运算电路

(1) 按图 Ⅰ-6-1 连接实验电路，接通 ±12 V 电源，输入端对地短路，进行调零和消振。

(2) 输入 $f=100$ Hz，$U_i=0.5$ V 的正弦交流信号，测量相应的 U_o，并用示波器观察 u_o 和 u_i 的相位关系，记入表 Ⅰ-6-1。

表Ⅰ-6-1

U_i/V	U_o/V	u_i 波形	u_o 波形	A_V	
				实测值	计算值

2. 同相比例运算电路

(1) 按图Ⅰ-6-3(a) 连接实验电路。实验步骤同实验内容1,将结果记入表Ⅰ-6-2。

(2) 将图Ⅰ-6-3(a) 中所示 R_1 断开,得图Ⅰ-6-3(b) 电路,重复内容(1)。

表Ⅰ-6-2

U_i/V	U_o/V	u_i 波形	u_o 波形	A_V	
				实测值	计算值

3. 反相加法运算电路

(1) 按图Ⅰ-6-2 连接实验电路,调零和消振。

(2) 输入信号采用直流信号,图Ⅰ-6-6所示电路为简易直流信号源,由实验者自行完成。实验时要注意选择合适的直流信号幅度以确保集成运放工作在线性区。用直流电压表测量输入电压 U_{i1},U_{i2} 及输出电压 U_o,记入表Ⅰ-6-3。

表Ⅰ-6-3

U_{i1}/V							
U_{i2}/V							
U_o/V							

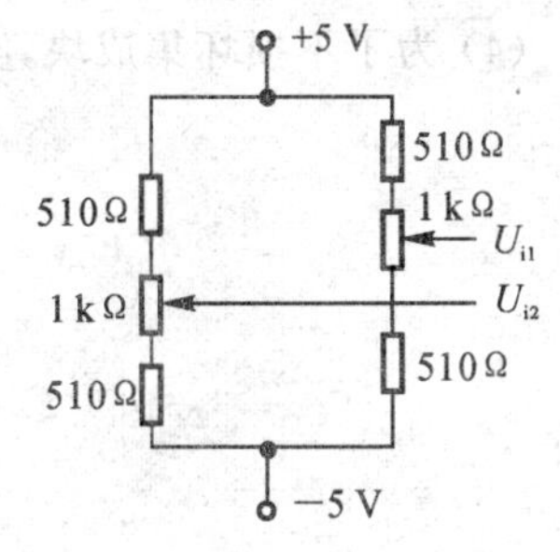

图Ⅰ-6-6　简易可调直流信号源

4. 减法运算电路

(1) 按图Ⅰ-6-4 连接实验电路,调零和消振。

(2) 采用直流输入信号,实验步骤同实验内容3,记入表Ⅰ-6-4。

表Ⅰ-6-4

U_{i1}/V							
U_{i2}/V							
U_o/V							

5. 积分运算电路

实验电路如图Ⅰ-6-5所示。

(1) 打开 K_2,闭合 K_1,对运放输出进行调零。

(2) 调零完成后，再打开 K_1，闭合 K_2，使 $u_C(0)=0$。

(3) 预先调好直流输入电压 $U_i=0.5$ V，接入实验电路，再打开 K_2，然后用直流电压表测量输出电压 U_o，每隔 5 s 读一次 U_o，记入表 Ⅰ-6-5，直到 U_o 不继续明显增大为止。

表 Ⅰ-6-5

t/s	0	5	10	15	20	25	30	…
U_o/V								

五、实验总结

(1) 整理实验数据，画出波形图(注意波形间的相位关系)。

(2) 将理论计算结果和实测数据相比较，分析产生误差的原因。

(3) 分析讨论实验中出现的现象和问题。

六、实验预习要求

(1) 复习集成运放线性应用部分内容，并根据实验电路参数计算各电路输出电压的理论值。

(2) 在反相加法器中，如 U_{i1} 和 U_{i2} 均采用直流信号，并选定 $U_{i2}=-1$ V，当考虑到运算放大器的最大输出幅度(±12 V)时，$|U_{i1}|$ 的大小不应超过多少伏？

(3) 在积分电路中，如 $R_1=100\ \text{k}\Omega$，$C=4.7\ \mu\text{F}$，求时间常数。假设 $U_i=0.5$ V，问要使输出电压 U_o 达到 5 V，需多长时间(设 $u_C(0)=0$)？

(4) 为了不损坏集成块，实验中应注意什么问题？

实验七　电压比较器

一、实验目的

(1) 掌握电压比较器的电路构成及特点。

(2) 学会测试比较器的方法。

二、实验原理

电压比较器是集成运放非线性应用电路，它将一个模拟量电压信号和一个参考电压相比较，在二者幅度相等的附近，输出电压将产生跃变，相应输出高电平或低电平。比较器可以组成非正弦波形变换电路及应用于模拟与数字信号转换等领域。

图Ⅰ-7-1所示为一最简单的电压比较器，U_R 为参考电压，加在运放的同相输入端，输入电压 u_i 加在反相输入端。

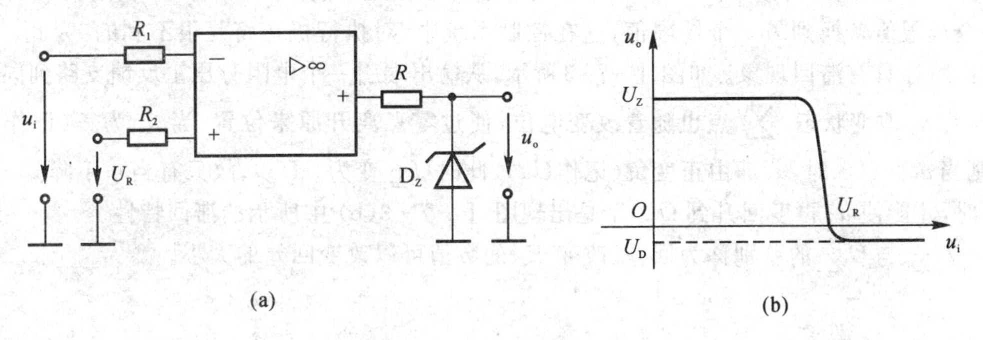

图Ⅰ-7-1　电压比较器

(a) 电路图；(b) 传输特性

当 $u_i < U_R$ 时，运放输出高电平，稳压管 D_Z 反向稳压工作。输出端电位被其箝位在稳压管的稳定电压 U_Z，即 $u_o = U_Z$。

当 $u_i > U_R$ 时，运放输出低电平，D_Z 正向导通，输出电压等于稳压管的正向压降 U_D，即 $u_o = -U_D$。

因此，以 U_R 为界，当输入电压 u_i 变化时，输出端反映出两种状态，高电位和低电位。

表示输出电压与输入电压之间关系的特性曲线，称为传输特性。图Ⅰ-7-1(b) 为(a) 中比较器的传输特性。

常用的电压比较器有过零比较器、具有滞回特性的过零比较器、双限比较器(又称窗口比较器) 等。

1. 过零比较器

如图Ⅰ-7-2所示为加限幅电路的过零比较器，D_Z 为限幅稳压管。信号从运放的反相输入端输入，参考电压为零，从同相端输入。当 $U_i > 0$ 时，输出 $U_o = -(U_Z + U_D)$，当 $U_i < 0$ 时，U_o

$=+(U_Z+U_D)$，其电压传输特性如图Ⅰ-7-2(b)所示。过零比较器结构简单，灵敏度高，但抗干扰能力差。

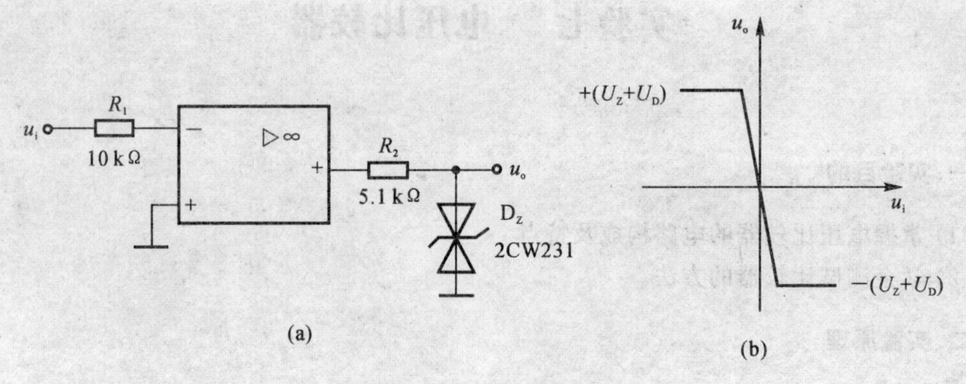

图Ⅰ-7-2　过零比较器

(a) 过零比较器；(b) 电压传输特性

2. 滞回比较器

如图Ⅰ-7-3所示为具有滞回特性的过零比较器。

过零比较器在实际工作中，如果 u_i 恰好在过零值附近，则由于零点漂移的存在，u_o 将不断由一个极限值转换到另一个极限值，这在控制系统中，对执行机构将是很不利的。为此，就需要输出特性具有滞回现象。如图Ⅰ-7-3所示，从输出端引一个电阻分压正反馈支路到同相输入端，若 u_o 改变状态，$\sum$ 点也随着改变电位，使过零点离开原来位置。当 u_o 为正(记作 U_+)时，则当 $u_i>U_\Sigma$ 时，u_o 即由正变负(记作 U_-)，此时 U_Σ 变为 $-U_\Sigma$。故只有当 u_i 下降到 $-U_\Sigma$ 以下时，才能使 u_o 再度回升到 U_+，于是出现图Ⅰ-7-3(b)中所示的滞回特性。

$-U_\Sigma$ 与 U_Σ 的差别称为回差。改变 R_2 的数值可以改变回差的大小。

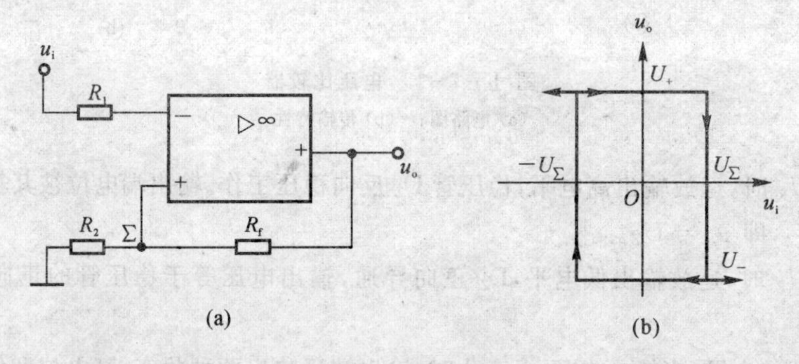

图Ⅰ-7-3　滞回比较器

(a) 电路图；(b) 传输特性

3. 窗口(双限)比较器

简单的比较器仅能鉴别输入电压 u_i 比参考电压 U_R 高或低的情况，窗口比较电路是由两个简单比较器组成，如图Ⅰ-7-4所示，它能指示出 u_i 值是否处于 U_R^+ 和 U_R^- 之间。若 $U_R^-<U_i<U_R^+$，则窗口比较器的输出电压 U_o 等于运放的正饱和输出电压($+U_{omax}$)；若 $U_i<U_R^-$ 或 $U_i>U_R^+$，则输出电压 U_o 等于运放的负饱和输出电压($-U_{omax}$)。

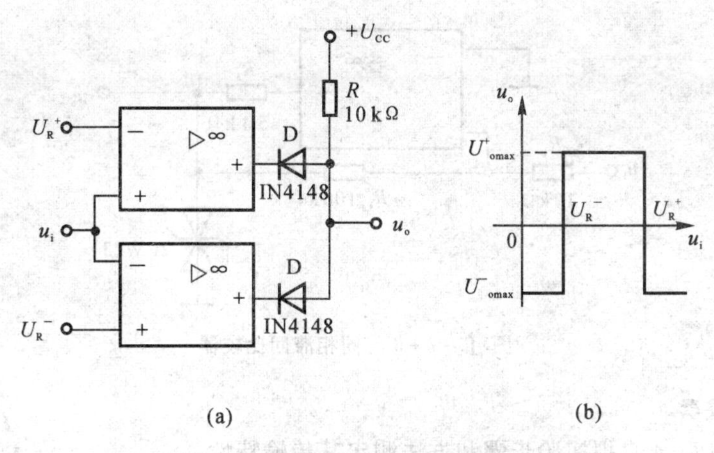

图 Ⅰ-7-4　由两个简单比较器组成的窗口比较器

(a) 电路图；(b) 传输特性

三、实验设备与器件

(1) ±12 V 直流电源。　　(4) 直流电压表。

(2) 函数信号发生器。　　(5) 交流电压毫伏表。

(3) 双踪示波器。　　(6) 运算放大器 μA741×2。

(7) 稳压管 2CW231×1。　　(8) 二极管 4148×2 电阻器等。

四、实验内容

1. 过零比较器

实验电路如图 Ⅰ-7-2 所示。

(1) 接通 ±12 V 电源。

(2) 测量 u_i 悬空时的 U_o 值。

(3) u_i 输入 500 Hz、幅值为 2 V 的正弦信号，观察并记录 $u_i \to u_o$ 波形。

(4) 改变 u_i 幅值，测量传输特性曲线。

2. 反相滞回比较器

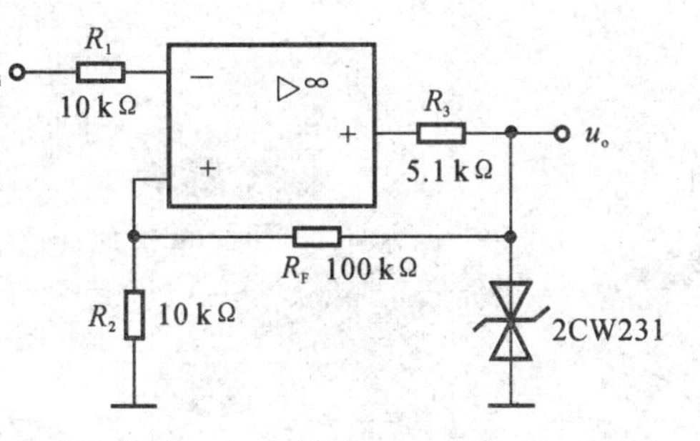

图 Ⅰ-7-5　反相滞回比较器

实验电路如图 Ⅰ-7-5 所示。

(1) 按图接线，u_i 接 +5 V 可调直流电源，测出 u_o 由 $+U_{omax} \to -U_{omax}$ 时 u_i 的临界值。

(2) 同上，测出 u_o 由 $-U_{omax} \to +U_{omax}$ 时 u_i 的临界值。

(3) u_i 接 500 Hz，峰值为 2 V 的正弦信号，观察并记录 $u_i \to u_o$ 波形。

(4) 将分压支路 100 kΩ 电阻改为 200 kΩ，重复上述实验，测定传输特性。

3. 同相滞回比较器

实验线路如图 Ⅰ-7-6 所示。

(1) 参照实验内容 2，自拟实验步骤及方法。

(2) 将结果与实验内容 2 进行比较。

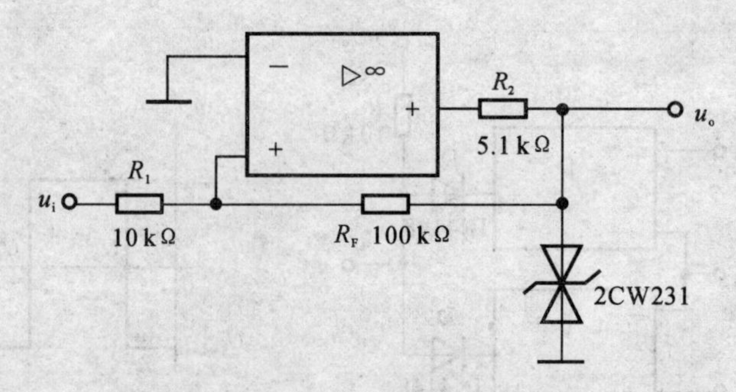

图 Ⅰ-7-6　同相滞回比较器

4. 窗口比较器

参照图 Ⅰ-7-4 自拟实验步骤和方法测定其传输特性。

五、实验总结

(1) 整理实验数据，绘制各类比较器的传输特性曲线。

(2) 总结几种比较器的特点，阐明它们的应用。

六、实验预习要求

(1) 复习教材有关比较器的内容。

(2) 画出各类比较器的传输特性曲线。

(3) 若要将图 Ⅰ-7-4 所示窗口比较器的电压传输曲线高、低电平对调，考虑应如何改动比较器电路。

实验八　波形发生器

一、实验目的

(1) 学习用集成运放构成正弦波、方波和三角波发生器。

(2) 学习波形发生器的调整和主要性能指标的测试方法。

二、实验原理

由集成运放构成的正弦波、方波和三角波发生器有多种形式，本实验选用最常用的，线路比较简单的几种电路加以分析。

1. RC 桥式正弦波振荡器（文氏电桥振荡器）

图 Ⅰ-8-1 所示为 RC 桥式正弦波振荡器。其中 R,C 元件串、并联电路构成正反馈支路，同时兼作选频网络，R_1,R_2,R_W 及二极管等元件构成负反馈和稳幅环节。调节电位器 R_W，可以改变负反馈深度，以满足振荡的振幅条件和改善波形。利用两个反向并联二极管 D_1,D_2 正向电阻的非线性特性来实现稳幅。D_1,D_2 采用硅管（温度稳定性好），且要求特性匹配，才能保证输出波形正、负半周对称。R_3 的接入是为了削弱二极管非线性的影响，以改善波形失真。

电路的振荡频率
$$f_0 = \frac{1}{2\pi RC}$$

起振的幅值条件
$$\frac{R_f}{R_1} \geqslant 2$$

式中，$R_f = R_W + R_2 + (R_3 // r_D)$；$r_D$ 为二极管正向导通电阻。

调整反馈电阻 R_f（调 R_W），使电路起振，且波形失真最小。若不能起振，则说明负反馈太强，应适当加大 R_f；若波形失真严重，则应适当减小 R_f。

改变选频网络的参数 C 或 R，即可调节振荡频率。一般采用改变电容 C 作频率量程切换，而调节 R 作量程内的频率细调。

2. 方波发生器

由集成运放构成的方波发生器和三角波发生器，一般均包括比较器和 RC 积分器两大部分。图 Ⅰ-8-2 所示为由滞回比较器及简单 RC 积分电路组成的方波-三角波发生器。它的特点是线路简单，但三角波的线性度较差，主要用于产生方波，或对三角波要求不高的场合。

电路振荡频率
$$f_0 = \frac{1}{2R_fC_f\ln\left(1 + \frac{2R_2}{R_1}\right)}$$

式中，$R_1 = R_1' + R_W'$；$R_2 = R_2' + R_W''$。

方波输出幅值
$$U_{om} = \pm U_Z$$

三角波输出幅值
$$U_{cm} = \frac{R_2}{R_1 + R_2}U_Z$$

调节电位器 R_W（即改变 R_2/R_1），可以改变振荡频率，但三角波的幅值也随之变化。如要互

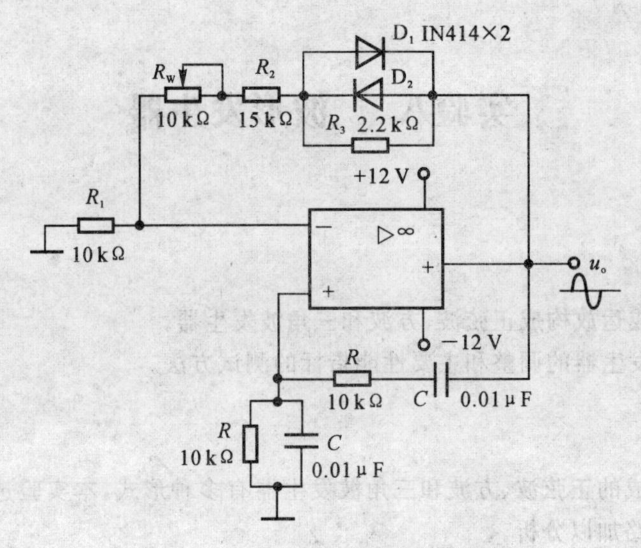

图 Ⅰ-8-1 RC桥式正弦波振荡器

不影响，则可通过改变 R_f（或 C_f）来实现振荡频率的调节。

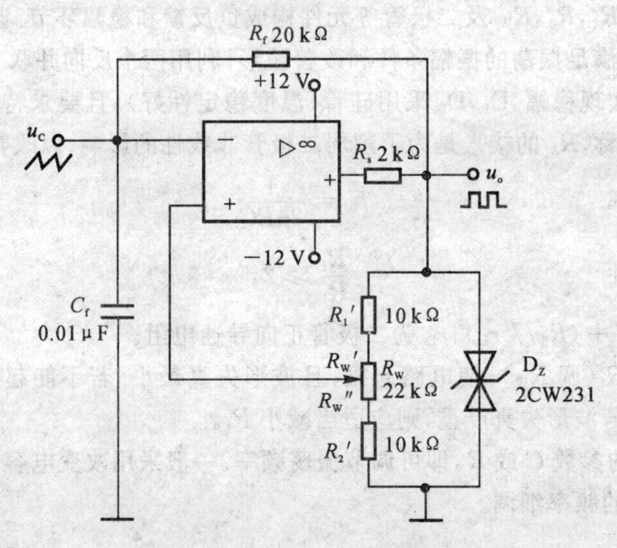

图 Ⅰ-8-2 方波发生器

3. 三角波和方波发生器

如果把滞回比较器和积分器首尾相接形成正反馈闭环系统，如图 Ⅰ-8-3 所示，则比较器 A_1 输出的方波经积分器 A_2 积分可得到三角波，三角波又触发比较器自动翻转形成方波，这样即可构成三角波、方波发生器。图 Ⅰ-8-4 为方波、三角波发生器输出波形图。由于采用运放组成的积分电路，因此可实现恒流充电，使三角波线性大大改善。

电路振荡频率 $$f_0=\frac{R_2}{4R_1(R_f+R_W)C_f}$$

方波幅值 $$U_{om}'=\pm U_Z$$

三角波幅值 $$U_{cm}=\frac{R_1}{R_2}U_Z$$

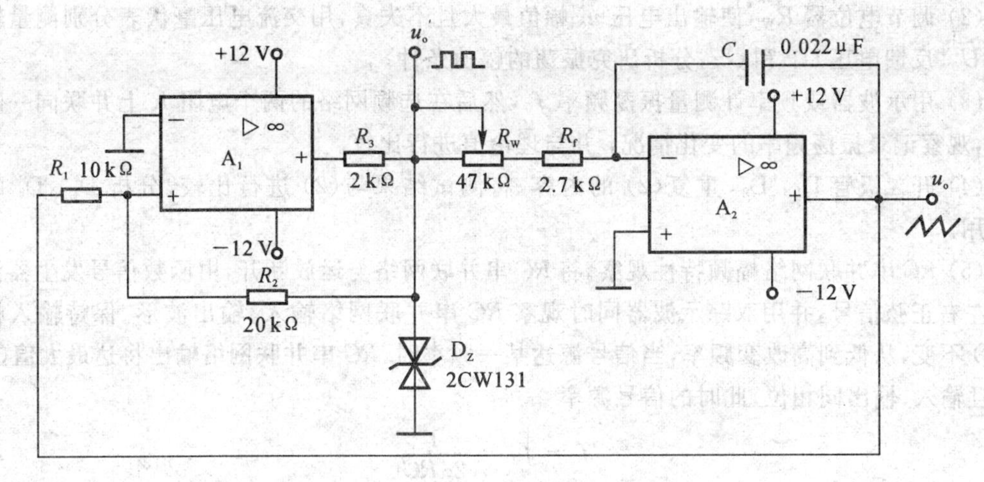

图 Ⅰ-8-3　三角波、方波发生器

调节 R_W 可以改变振荡频率，改变比值$\frac{R_1}{R_2}$可调节三角波的幅值。

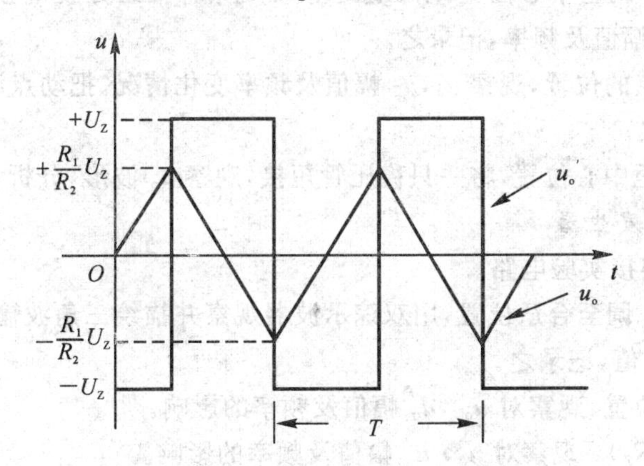

图 Ⅰ-8-4　方波、三角波发生器输出波形图

三、实验设备与器件

(1) ±12 V 直流电源。　　(2) 双踪示波器。

(3) 交流电压毫伏表。　　(4) 频率计。

(5) 集成运算放大器 μA741×2。　　(6) 二极管 IN4148×2。

(7) 稳压管 2CW231×1，电阻器、电容器若干。

四、实验内容

(1) RC 桥式正弦波振荡器

按图 Ⅰ-8-1 连接实验电路。

(1) 接通±12 V 电源，调节电位器 R_W，使输出波形从无到有，从正弦波到出现失真。描绘 u_o 的波形，记下临界起振、正弦波输出及失真情况下的 R_W 值，分析负反馈强弱对起振条件及输出波形的影响。

(2) 调节电位器 R_W，使输出电压 u_o 幅值最大且不失真，用交流电压毫伏表分别测量输出电压 U_o、反馈电压 U_+ 和 U_-，分析研究振荡的幅值条件。

(3) 用示波器或频率计测量振荡频率 f_0，然后在选频网络的两个电阻 R 上并联同一阻值电阻，观察记录振荡频率的变化情况，并与理论值进行比较。

(4) 开二极管 D_1，D_2，重复(2) 的内容，将测试结果与(2) 进行比较，分析 D_1，D_2 的稳幅作用。

(5) RC 串并联网络幅频特性观察。将 RC 串并联网络与运放断开，由函数信号发生器注入 3 V 左右正弦信号，并用双踪示波器同时观察 RC 串并联网络输入、输出波形。保持输入幅值(3 V) 不变，从低到高改变频率，当信号源达某一频率时，RC 串并联网络输出将达最大值(约 1 V)，且输入、输出同相位。此时的信号源率

$$f = f_0 = \frac{1}{2\pi RC}$$

2. 方波发生器

按图 Ⅰ-8-2 连接实验电路。

(1) 将电位器 R_W 调至中心位置，用双踪示波器观察并描绘方波 u_o 及三角波 u_C 的波形(注意对应关系)，测量其幅值及频率，记录之。

(2) 改变 R_W 动点的位置，观察 u_o，u_C 幅值及频率变化情况。把动点调至最上端和最下端，测出频率范围，记录之。

(3) 将 R_W 恢复至中心位置，将一只稳压管短接，观察 u_o 波形，分析 D_Z 的限幅作用。

3. 三角波和方波发生器

按图 Ⅰ-8-3 连接实验电路。

(1) 将电位器 R_W 调至合适位置，用双踪示波器观察并描绘三角波输出 u_o 及方波输出 u_o'，测其幅值、频率及 R_W 值，记录之。

(2) 改变 R_W 的位置，观察对 u_o，u_o' 幅值及频率的影响。

(3) 改变 R_1(或 R_2)，观察对 u_o，u_o' 幅值及频率的影响。

五、实验总结

1. 正弦波发生器

(1) 列表整理实验数据，画出波形，把实测频率与理论值进行比较。

(2) 根据实验分析 RC 振荡器的振幅条件。

(3) 讨论二极管 D_1，D_2 的稳幅作用。

2. 方波发生器

(1) 列表整理实验数据，在同一坐标纸上，按比例画出方波和三角波的波形图(标出时间和电压幅值)。

(2) 分析 R_W 变化时，对 u_o 波形的幅值及频率的影响。

(3) 讨论 D_Z 的限幅作用。

3. 三角波和方波发生器

(1) 整理实验数据，把实测频率与理论值进行比较。

(2) 在同一坐标纸上，按比例画出三角波及方波的波形，并标明时间和电压幅值。

(3) 分析电路参数变化(R_1,R_2 和 R_W) 对输出波形频率及幅值的影响。

六、实验预习要求

(1) 复习有关RC正弦波振荡器、三角波及方波发生器的工作原理,并估算图Ⅰ-8-1、Ⅰ-8-2、Ⅰ-8-3电路的振荡频率。

(2) 设计实验表格。

(3) 为什么在RC正弦波振荡电路中要引入负反馈支路?为什么要增加二极管D_1和D_2?它们是怎样稳幅的?

(4) 电路参数变化对图Ⅰ-8-2,Ⅰ-8-3产生的方波和三角波频率及电压幅值有什么影响?或者:怎样改变图Ⅰ-8-2,Ⅰ-8-3电路中方波及三角波的频率及幅值?

(5) 在波形发生器各电路中,“相位补偿”和“调零”是否需要?为什么?

(6) 怎样测量非正弦波电压的幅值?

实验九　RC 正弦波振荡器

一、实验目的

(1) 进一步学习 RC 正弦波振荡器的组成及其振荡条件。

(2) 学会测量、调试振荡器。

二、实验原理

从结构上看，正弦波振荡器是没有输入信号的，带选频网络的正反馈放大器。若用 R，C 元件组成选频网络，就称为 RC 振荡器，一般用来产生 1 Hz ～ 1 MHz 的低频信号。

1. RC 移相振荡器

电路形式如图 Ⅰ-9-1 所示，选择 $R \gg R_i$。

振荡频率　　$f_0 = \dfrac{1}{2\pi\sqrt{6}RC}$

起振条件　　放大器 A 的电压放大倍数 $|\dot{A}| > 29$。

电路特点　　简便，但选频作用差，振幅不稳，频率调节不便，一般用于频率固定且稳定性要求不高的场合。

频率范围　　几赫 ～ 数十千赫。

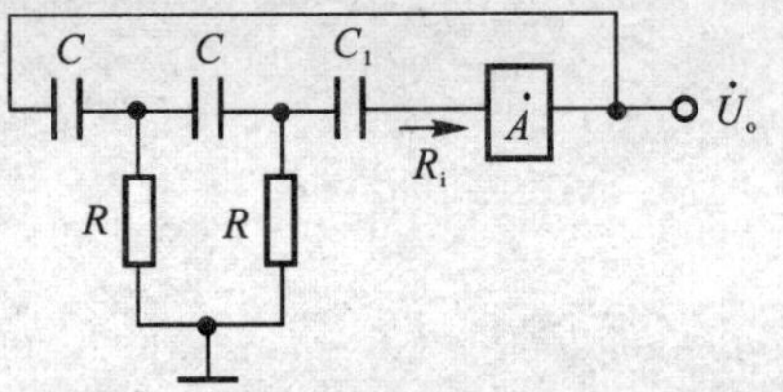

图 Ⅰ-9-1　RC 移相振荡器原理图

2. RC 串并联网络（文氏桥）振荡器

电路形式如图 Ⅰ-9-2 所示。

振荡频率　　$f_0 = \dfrac{1}{2\pi RC}$

起振条件　　$|\dot{A}| > 3$

电路特点　　可方便地连续改变振荡频率，便于加负反馈稳幅，容易得到良好的振荡波形。

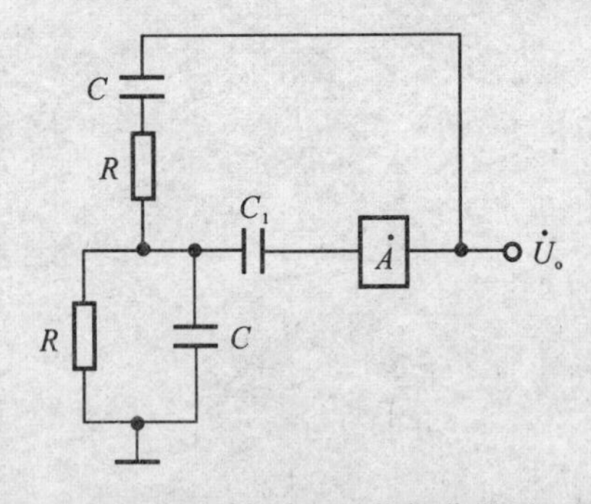

Ⅰ-9-2　RC 串并联网络振荡器原理图

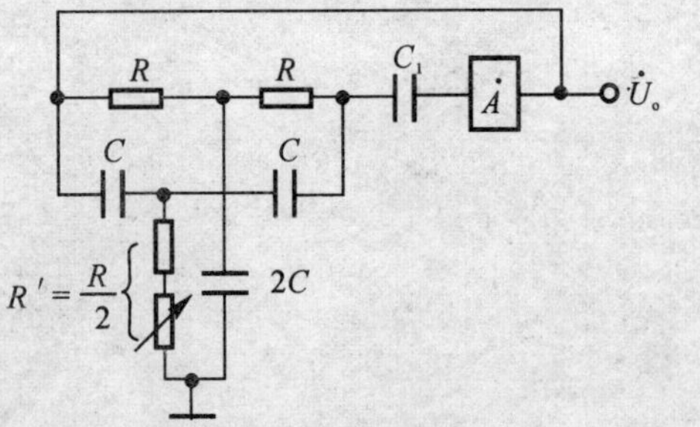

图 Ⅰ-9-3　双 T 选频网络振荡器原理图

3. 双 T 选频网络振荡器

电路形式如图 Ⅰ-9-3 所示。

振荡频率　$f_0=\frac{1}{5RC}$

起振条件　$R'<\frac{R}{2}$　　$|\dot{A}F|>1$

电路特点　选频特性好，调频困难，适于产生单一频率的振荡。

注：本实验采用两级共射极分立元件放大器组成 RC 正弦波振荡器。

三、实验设备与器件

(1) +12 V 直流电源。　(2) 函数信号发生器。

(3) 双踪示波器。　(4) 频率计。

(5) 直流电压表。　(6) 3DG12×2 或 9013×2 电阻、电容、电位器等。

四、实验内容

1. RC 串并联选频网络振荡器

按图Ⅰ-9-4 组接线路。

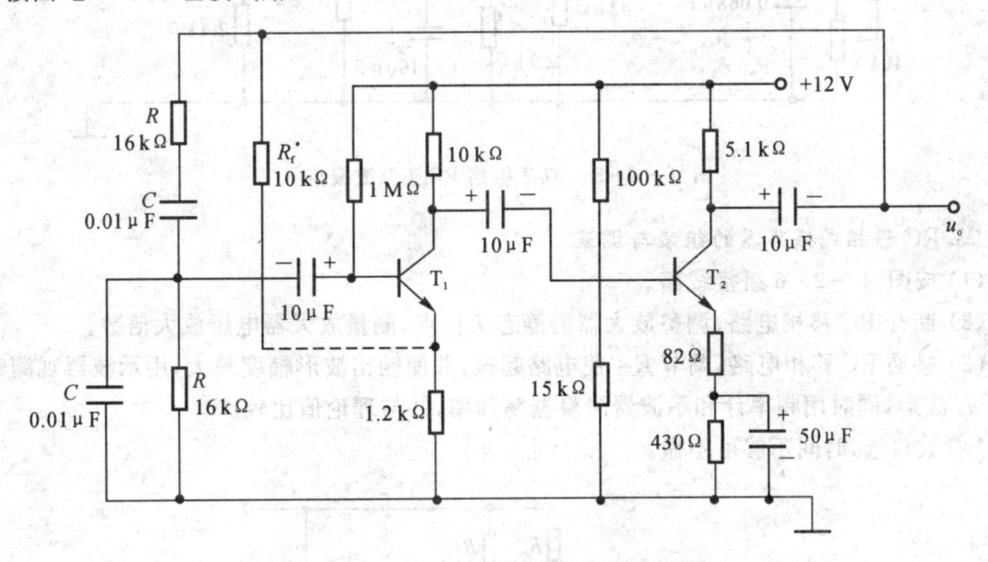

图Ⅰ-9-4　RC 串并联选频网络振荡器

(2) 断开 RC 串并联网络，测量放大器静态工作点及电压放大倍数。

(3) 接通 RC 串并联网络，并使电路起振，用示波器观测输出电压 u_o 波形，调节 R_f 使获得满意的正弦信号，记录波形及其参数。

(4) 测量振荡频率，并与计算值进行比较。

(5) 改变 R 或 C 值，观察振荡频率变化情况。

(6) RC 串并联网络幅频特性的观察。将 RC 串并联网络与放大器断开，用函数信号发生器的正弦信号注入 RC 串并联网络，保持输入信号的幅度不变(约 3 V)，频率由低到高变化，RC 串并联网络输出幅值将随之变化。当信号源达某一频率时，RC 串并联网络的输出将达最大值(约 1 V 左右)，且输入、输出同相位，此时信号源频率为

$$f = f_0 = \frac{1}{2\pi RC}$$

2. 双 T 选频网络振荡器

(1) 按图 Ⅰ-9-5 组接线路。

(2) 断开双 T 网络，调试 T_1 管静态工作点，使 U_{C1} 为 6 ～ 7 V。

(3) 接入双 T 网络，用示波器观察输出波形。若不起振，则调节 R_{W1}，使电路起振。

(4) 测量电路振荡频率，并与计算值比较。

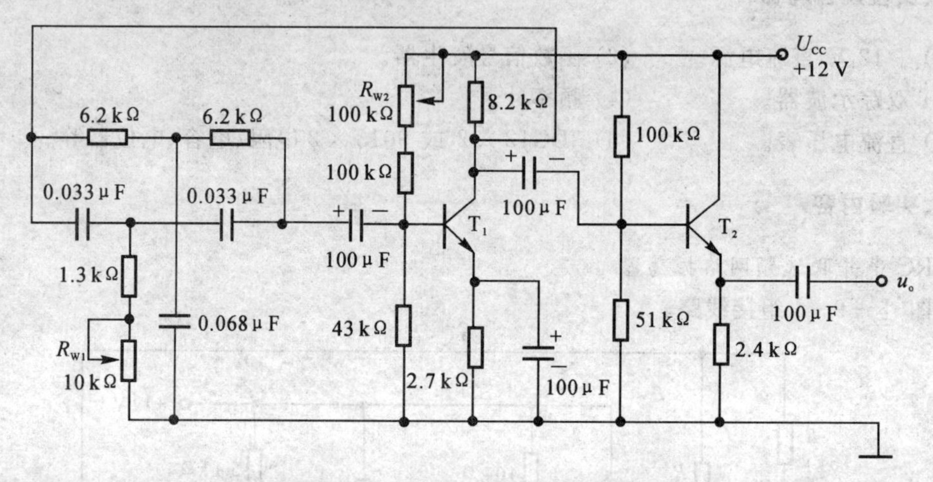

图 Ⅰ-9-5　双 T 网络 RC 正弦波振荡器

*3. RC 移相式振荡器的组装与调试

(1) 按图 Ⅰ-9-6 组接线路。

(2) 断开 RC 移相电路，调整放大器的静态工作点，测量放大器电压放大倍数。

(3) 接通 RC 移相电路，调节 R_{B2} 使电路起振，并使输出波形幅度最大，用示波器观测输出电压 u_o 波形，同时用频率计和示波器测量振荡频率，并与理论值比较。

* 参数自选，时间不够可不做。

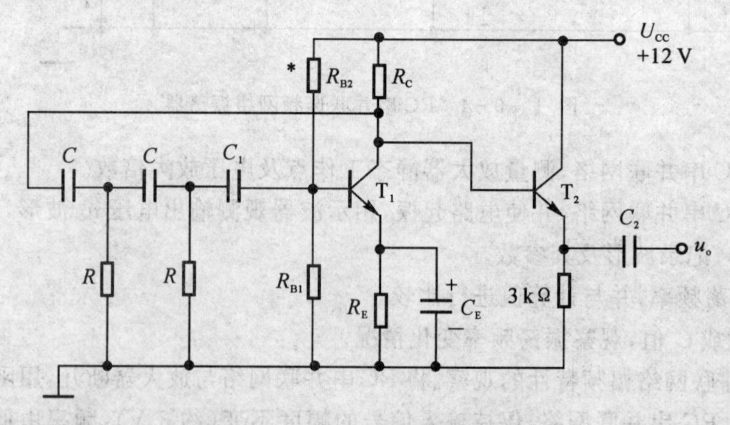

图 Ⅰ-9-6　RC 移相式振荡器

五、实验总结

(1) 由给定电路参数计算振荡频率,并与实测值比较,分析误差产生的原因。
(2) 总结三类 RC 振荡器的特点。

六、实验预习要求

(1) 复习教材有关三种类型 RC 振荡器的结构与工作原理。
(2) 计算三种实验电路的振荡频率。
(3) 思考如何用示波器来测量振荡电路的振荡频率。

实验十　函数信号发生器的组装与调试

一、实验目的

(1) 了解单片多功能集成电路函数信号发生器的功能及特点。

(2) 进一步掌握波形参数的测试方法。

二、实验原理

(1) ICL8038是单片集成函数信号发生器，其内部框图如图Ⅰ-10-1所示。它由恒流源I_1和I_2、电压比较器A和B、触发器、缓冲器和三角波变正弦波电路等组成。

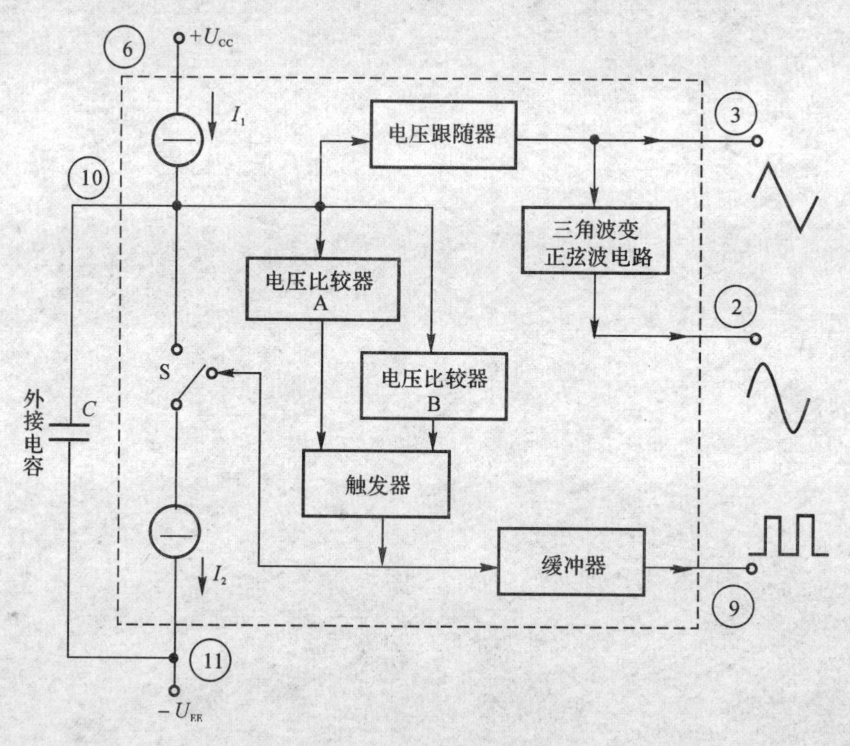

图Ⅰ-10-1　ICL8038原理框图

外接电容C由两个恒流源充电和放电，电压比较器A，B的阈值分别为电源电压(指$U_{CC}+U_{EE}$)的2/3和1/3。恒流源I_1和I_2的大小可通过外接电阻调节，但必须$I_2>I_1$。当触发器的输出为低电平时，恒流源I_2断开，恒流源I_1给C充电，它的两端电压u_C随时间线性上升，当u_C达到电源电压的2/3时，电压比较器A的输出电压发生跳变，使触发器输出由低电平变为高电平，恒流源I_2接通，由于$I_2>I_1$(设$I_2=2I_1$)，恒流源I_2将电流$2I_1$加到C上反充电，相当于C由一个净电流I放电，C两端的电压u_C又转为直线下降。当它下降到电源电压的1/3时，电压比较器B的输出电压发生跳变，使触发器的输出由高电平跳变为原来的低电平，恒流源I_2断开，I_1 再给 C 充电，…… 如此周而复始，产生振荡。若调整电路，使 $I_2 = 2I_1$，则触发器输出为方波，经反相缓冲器由管脚 9 输出方波信号。C 上的电压 u_C，上升与下降时间相等，为三角波，经电压跟随器从管脚 3 输出三角波信号。将三角波变成正弦波是经过一个非线性的变换网络（正弦波变换器）而得以实现的，在这个非线性网络中，当三角波电位向两端顶点摆动时，网络提供的交流通路阻抗会减小，这样就使三角波的两端变为平滑的正弦波，从管脚 2 输出。

1. ICL8038 管脚功能图

ICL8038 管脚功能图如图 Ⅰ－10－2 所示。

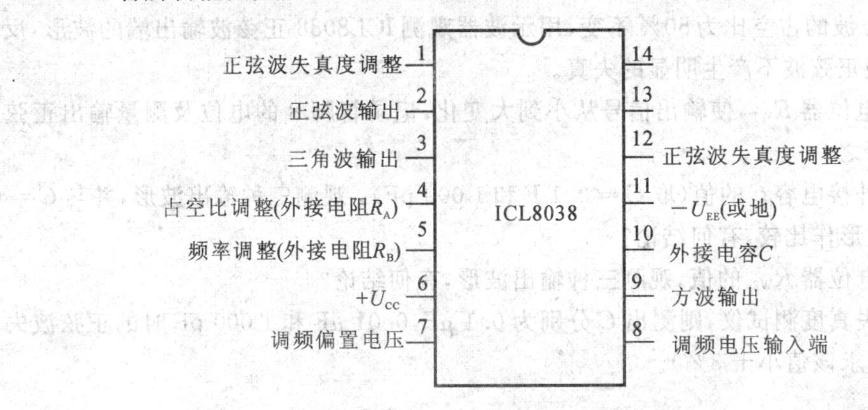

图 Ⅰ－10－2　ICL8038 管脚图

电源电压 { 单电源 10 ～ 30 V；双电源 ±5 ～±15 V

2. 实验电路

实验电路如图 Ⅰ－10－3 所示。

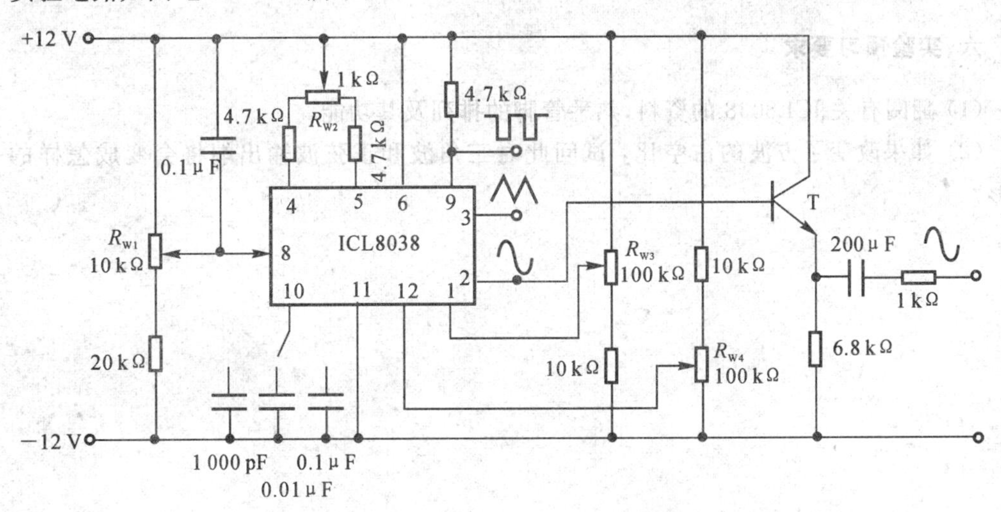

图 Ⅰ－10－3　ICL8038 实验电路图

三、实验设备与器件

(1) ±12 V 直流电源。 (2) 双踪示波器。

(3) 频率计。　　　　　　　　(4) 直流电压表。

(5) ICL8038。　　　　　　　(6) 晶体三极管 3DG12×1(9013),电位器、电阻器、电容器等。

四、实验内容

(1) 按图Ⅰ-10-3电路图组装电路,取 $C=0.01\ \mu f$,R_{W1},R_{W2},R_{W3},R_{W4} 均置中间位置。

(2) 调整电路,使其处于振荡,产生方波,通过调整电位器 R_{W2},使方波的占空比达到50%。

(3) 保持方波的占空比为50%不变,用示波器观测ICL8038正弦波输出端的波形,反复调整 R_{W3},R_{W4},使正弦波不产生明显的失真。

(4) 调节电位器 R_{W1},使输出信号从小到大变化,记录管脚8的电位及测量输出正弦波的频率,列表记录之。

(5) 改变外接电容 C 的值(取 $C=0.1$ F和1 000 pF),观测三种输出波形,并与 $C=0.01\ \mu F$ 时测得的波形作比较,有何结论?

(6) 改变电位器 R_{W2} 的值,观测三种输出波形,有何结论?

(7) 如有失真度测试仪,则测出 C 分别为 0.1 μF,0.01 μF 和 1 000 pF 时的正弦波失真系数 r 值(一般要求该值小于3%)。

五、实验总结

(1) 分别画出 $C=0.1\ \mu f$,$C=0.01\ \mu f$,1 000 pF 时所观测到的方波、三角波和正弦波的波形图,从中得出什么结论?

(2) 列表整理 C 取不同值时三种波形的频率和幅值。

(3) 组装、调整函数信号发生器的心得、体会。

六、实验预习要求

(1) 翻阅有关ICL8038的资料,熟悉管脚的排列及其功能。

(2) 如果改变了方波的占空比,试问此时三角波和正弦波输出端将会变成怎样的一个波形?

实验十一　集成功率放大器

一、实验目的

(1) 了解功率放大集成块(简称“集成功放块”)的应用。

(2) 学习集成功率放大器基本技术指标的测试。

二、实验原理

集成功率放大器由集成功放块和一些外部阻容元件构成。它具有线路简单、性能优越,工作可靠、调试方便等优点,已经成为在音频领域中应用十分广泛的功率放大器。

电路中最主要的组件为集成功放块,它的内部电路与一般分立元件功率放大器不同,通常包括前置级、推动级和功率级等几部分。有些还具有一些特殊功能(消除噪声、短路保护等)的电路。其电压增益较高(不加负反馈时,电压增益达70～80 dB,加典型负反馈时电压增益在40 dB以上)。

集成功放块的种类很多。本实验采用的集成功放块型号为LA4112,它的内部电路如图Ⅰ-11-1所示,由三级电压放大,一级功率放大以及偏置、恒流、反馈、退耦电路组成。

(1) 电压放大级。第一级选用由T_1和T_2管组成的差动放大器,这种直接耦合的放大器零漂较小,第二级的T_3管完成直接耦合电路中的电平移动,T_4是T_3管的恒流源负载,以获得较大的增益;第三级由T_6管等组成,此级增益最高,为防止出现自激振荡,需在该管的B,C极之间外接消振电容。

(2) 功率放大级。由T_8～T_{13}等组成复合互补推挽电路。为提高输出级增益和正向输出幅度,需外接“自举”电容。

(3) 偏置电路。为建立各级合适的静态工作点而设立。

除上述主要部分外,为了使电路工作正常,还需要和外部元件一起构成反馈电路来稳定和控制增益。同时,还设有退耦电路来消除各级间的不良影响。

LA4112集成功放块是一种塑料封装十四脚的双列直插器件。它的外形如图Ⅰ-11-2所示。表Ⅰ-11-1、表Ⅰ-11-2是它的极限参数和电参数。

与LA4112集成功放块技术指标相同的国内外产品还有FD403,FY4112,D4112等,可以互相替代使用。

表Ⅰ-11-1

参　　数	符号与单位	额定值
最大电源电压	U_{CCmax}/V	13(有信号时)
允许功耗	P_o/W	1.2
		2.25(50×50 mm² 铜箔散热片)
工作温度	T_{Opr}/℃	−20～+70

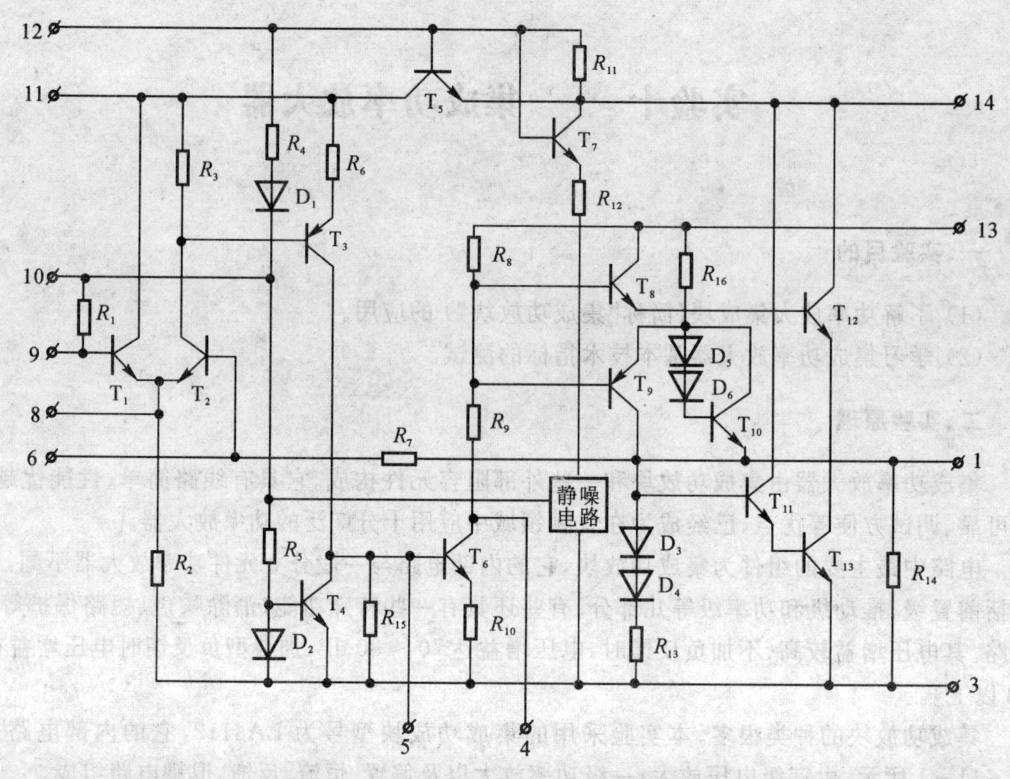

图Ⅰ-11-1　LA4112 内部电路图

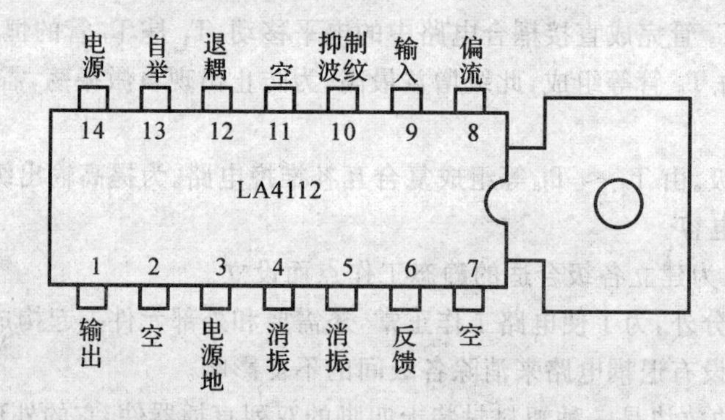

图Ⅰ-11-2　LA4112 外形及管脚排列图

表Ⅰ-11-2

参　数	符号与单位	测试条件	典型值
工作电压	U_{CC}/V		9
静态电流	I_{CCQ}/mA	$U_{CC}=9$ V	15
开环电压增益	A_{Vo}/dB		70
输出功率	P_o/W	$R_L=4\ \Omega$　$f=1$ kHz	1.7
输入阻抗	R_i/kΩ		20

集成功率放大器 LA4112 的应用电路如图 Ⅰ-11-3 所示，该电路中各电容和电阻的作用简要说明如下：

C_1,C_9 —— 输入、输出耦合电容，隔直作用。

C_2 和 R_f —— 反馈元件，决定电路的闭环增益。

C_3,C_4,C_8 —— 滤波、退耦电容。

C_5,C_6,C_{10} —— 消振电容，消除寄生振荡。

C_7 —— 自举电容，若无此电容，将出现输出波形半边被削波的现象。

三、实验设备与器件

(1) +9 V 直流电源。
(2) 函数信号发生器。
(3) 双踪示波器。
(4) 交流电压毫伏表。
(5) 直流电压表。
(6) 直流电流毫安表。
(7) 频率计。
(8) 集成功放块 LA4112，电阻器、电容器若干。
(9) 8 Ω 扬声器。

四、实验内容

按图 Ⅰ-11-3 连接实验电路，输入端接函数信号发生器，输出端接扬声器。

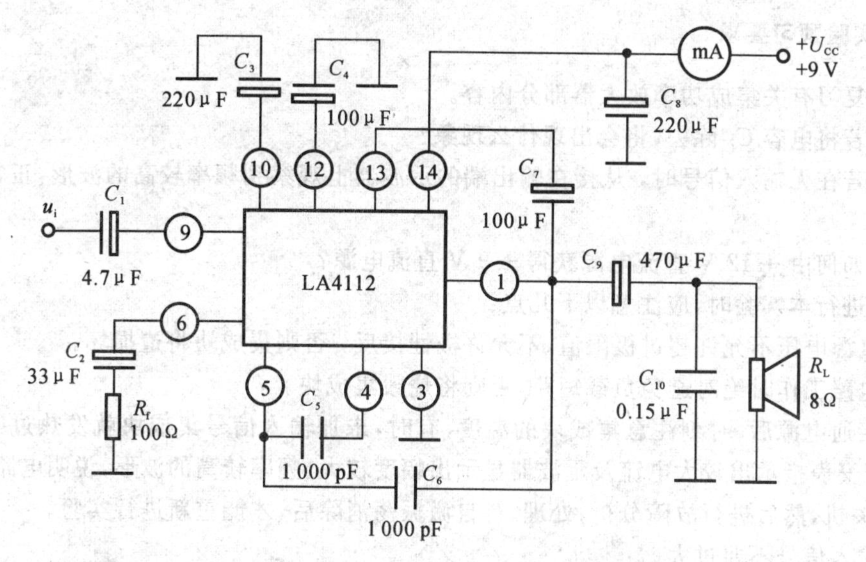

图 Ⅰ-11-3　由 LA4112 构成的集成功放实验电路

1. 静态测试

将输入信号旋钮旋至零，接通 +9 V 直流电源，测量静态总电流及集成块各引脚对地电压，记入自拟表格中。

2. 动态测试

(1) 最大输出功率。

1) 接入自举电容 C_7。输入端接 1 kHz 正弦信号，输出端用示波器观察输出电压波形，逐渐加大输入信号幅度，使输出电压为最大不失真输出，用交流毫伏表测量此时的输出电压 U_{om}，

则最大输出功率

$$P_{om}=\frac{U_{om}^2}{R_L}$$

2）断开自举电容 C_7。观察输出电压波形变化情况。

(2) 输入灵敏度。输入灵敏度是指出最大不失真功率时，输入信号 U_i 之值。据此，只要测出输出功率 $P_o=P_{om}$ 时的输入电压值 U_i 即可。

(3) 频率响应。测试方法同实验二。

(4) 噪声电压。测量时将输入端短路（$u_i=0$），观察输出噪声波形，并用交流毫伏表测量输出电压，即为噪声电压 U_N，本电路若 $U_N<2.5\ \text{mV}$，即满足要求。

3. 试听

输入改为录音机输出，输出端接试听音箱及示波器。开机试听，并观察语言和音乐信号的输出波形。

五、实验总结

(1) 整理实验数据，并进行分析。

(2) 画频率响应曲线。

(3) 讨论实验中发生的问题及解决办法。

六、实验预习要求

(1) 复习有关集成功率放大器部分内容。

(2) 若将电容 C_7 除去，将会出现什么现象？

(3) 若在无输入信号时，从接在输出端的示波器上观察到频率较高的波形，正常否？如何消除？

(4) 如何由 +12 V 直流电源获得 +9 V 直流电源？

(5) 进行本实验时，应注意以下几点：

1）电源电压不允许超过极限值，不允许极性接反，否则集成块将遭损坏。

2）电路工作时绝对避免负载短路，否则将烧毁集成块。

3）接通电源后，时刻注意集成块的温度，有时，未加输入信号集成块就发热过甚，同时直流电流毫安表指示出较大电流及示波器显示出幅度较大、频率较高的波形，说明电路有自激现象，应即关机，然后进行故障分析，处理。待自激振荡消除后，才能重新进行实验。

4）输入信号不要过大。

实训一　串联型晶体管稳压电源

一、设计任务

(1) 研究单相桥式整流、电容滤波电路的特性。

(2) 掌握串联型晶体管稳压电源主要技术指标的测试方法。

二、实训原理

电子设备一般都需要直流电源供电。这些直流电除了少数直接利用干电池和直流发电机外,大多数是采用把交流电(市电)转变为直流电的直流稳压电源。

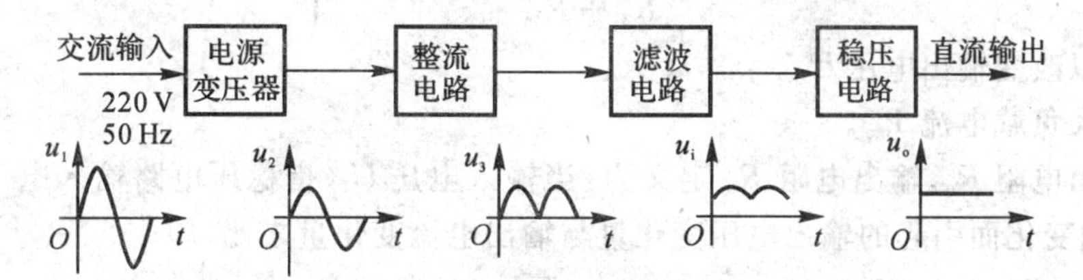

图 Ⅰ-s1-1　直流稳压电源框图

直流稳压电源由电源变压器、整流、滤波和稳压电路四部分组成,其原理框图如图 Ⅰ-s1-1 所示。电网供给的交流电压 u_1(220 V,50 Hz) 经电源变压器降压后,得到符合电路需要的交流电压 u_2,然后由整流电路变换成方向不变、大小随时间变化的脉动电压 u_3,再用滤波器滤去其交流分量,就可得到比较平直的直流电压 u_I。但这样的直流输出电压,还会随交流电网电压的波动或负载的变动而变化。在对直流供电要求较高的场合,还需要使用稳压电路,以保证输出直流电压更加稳定。

图 Ⅰ-s1-2 是由分立元件组成的串联型稳压电源的电路图。其整流部分为单相桥式整流、电容滤波电路。稳压部分为串联型稳压电路,它由调整元件晶体管 T_1;比较放大器 T_2,R_7;取样电路 R_1,R_2,R_W;基准电压 U_W,R_3 和过流保护电路 T_3 管及电阻 R_4,R_5,R_6 等组成。整个稳压电路是一个具有电压串联负反馈的闭环系统,其稳压过程为:当电网电压波动或负载变动引起输出直流电压发生变化时,取样电路取出输出电压的一部分送入比较放大器,并与基准电压进行比较,产生的误差信号经 T_2 放大后送至调整管 T_1 的基极,使调整管改变其管压降,以补偿输出电压的变化,从而达到稳定输出电压的目的。

由于在稳压电路中,调整管与负载串联,因此流过它的电流与负载电流一样大。当输出电流过大或发生短路时,调整管会因电流过大或电压过高而损坏,所以需要对调整管加以保护。在图 Ⅰ-s1-2 所示电路中,晶体管 T_3,R_4,R_5,R_6 组成减流型保护电路。此电路设计在 $I_{oP}=1.2I_o$ 时开始起保护作用,此时输出电流减小,输出电压降低。故障排除后电路应能自动恢复正常工作。在调试时,若保护提前作用,应减小 R_6 值;若保护作用迟后,则应增大 R_6 值。

稳压电源的主要性能指标:

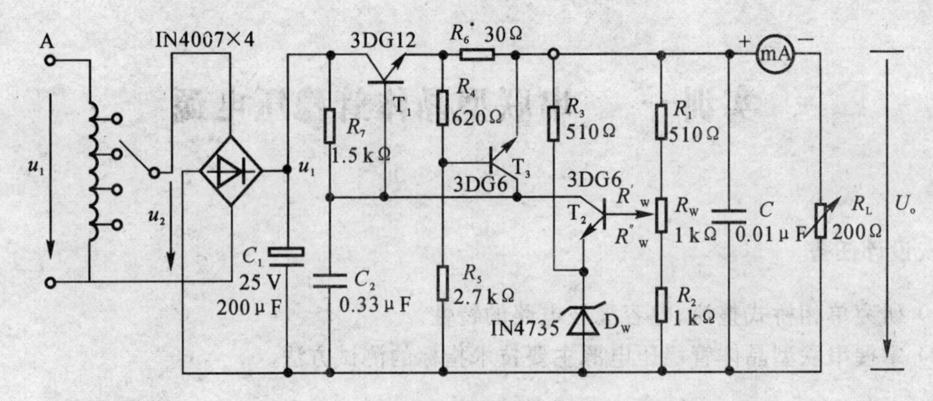

图 Ⅰ-s1-2　串联型稳压电源实验电路

(1) 输出电压 U_o 和输出电压调节范围

$$U_o = \frac{R_1 + R_W + R_2}{R_2 + R_W''}(U_Z + U_{BE2})$$

调节 R_W 可以改变输出电压 U_o。

(2) 最大负载电流 I_{om}。

(3) 输出电阻 R_o。输出电阻 R_o 定义为：当输入电压 U_i（指稳压电路输入电压）保持不变时，由于负载变化而引起的输出电压变化量与输出电流变化量之比，即

$$R_o = \frac{\Delta U_o}{\Delta I_o}\bigg|_{U_i = \text{常数}}$$

(4) 稳压系数 S（电压调整率）。稳压系数定义为：当负载保持不变时，输出电压相对变化量与输入电压相对变化量之比，即

$$S = \frac{\Delta U_o / U_o}{\Delta U_i / U_i}\bigg|_{R_L = \text{常数}}$$

由于工程上常把电网电压波动 ±10% 作为极限条件，因此也有将此时输出电压的相对变化 $\Delta U_o/U_o$ 作为衡量指标，称为电压调整率。

(5) 输出纹波电压。输出纹波电压是指在额定负载条件下，输出电压中所含交流分量的有效值（或峰值）。

三、实训设备与器件

(1) 可调工频电源。　　(2) 双踪示波器。

(3) 交流电压毫伏表。　　(4) 直流电压表。

(5) 直流电流毫安表　　(6) 滑线变阻器 200 Ω/1A。

(7) 晶体三极管 3DG6×2(9011×2)，3DG12×1(9013×1)，晶体二极管 IN4007×4，稳压管 IN4735×1，电阻器、电容器若干。

四、实训内容

1. 整流滤波电路测试

按图 Ⅰ-s1-3 连接实训电路。取可调工频电源电压为 16 V，作为整流电路输入电压 u_2。

(1) 取 $R_L = 240\ \Omega$，不加滤波电容，测量直流输出电压 U_L 及纹波电压 $\widetilde{U}_L$，并用示波器观

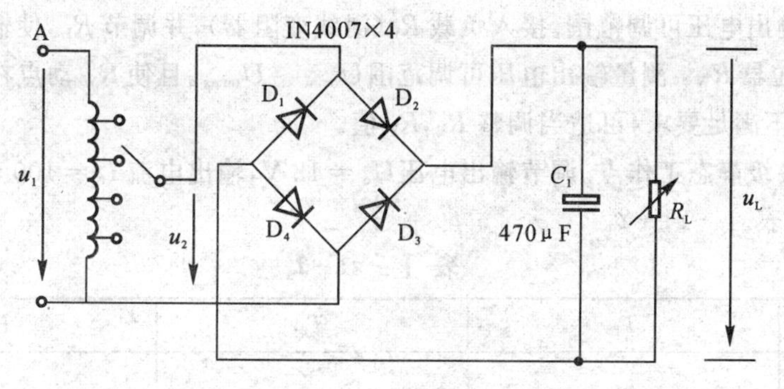

图 Ⅰ-s1-3　整流滤波电路

察 u_2 和 u_L 波形，记入表 Ⅰ-s1-1。

(2) 取 $R_L = 240\ \Omega, C = 470\ \mu F$，重复步骤(1)的要求，记入表 Ⅰ-s1-1。

(3) 取 $R_L = 120\ \Omega, C = 470\ \mu F$，重复步骤(1)的要求，记入表 Ⅰ-s1-1。

表 Ⅰ-s1-1

电路形式		U_L/V	$\widetilde{U}_L$/V	u_L 波形
$R_L = 240\ \Omega$	~			u_L O t
$R_L = 240\ \Omega$ $C = 470\ \mu F$	~			u_L O t
$R_L = 120\ \Omega$ $C = 470\ \mu F$	~			u_L O t

注意：① 每次改接电路时，必须切断工频电源。② 在观察输出电压 u_L 波形的过程中，"Y 轴灵敏度"旋钮位置调好以后，不要再变动，否则将无法比较各波形的脉动情况。

2. 串联型稳压电源性能测试

切断工频电源，在图 Ⅰ-s1-3 基础上按图 Ⅰ-s1-2 连接实验电路。

(1) 初测。稳压器输出端负载开路，断开保护电路，接通 16 V 工频电源，测量整流电路输入电压 U_2，滤波电路输出电压 U_i（稳压器输入电压）及输出电压 U_o。调节电位器 R_W，观察 U_o 的大小和变化情况，如果 U_o 能跟随 R_W 线性变化，这说明稳压电路各反馈环路工作基本正常。否则，说明稳压电路有故障，因为稳压器是一个深负反馈的闭环系统，只要环路中任一个环节出现故障（某管截止或饱和），稳压器就会失去自动调节作用。此时可分别检查基准电压 U_Z，输入电压 U_i，输出电压 U_o，以及比较放大器和调整管各电极的电位（主要是 U_{BE} 和 U_{CE}），分析它们的工作状态是否都处在线性区，从而找出不能正常工作的原因。排除故障以后就可以进行下一步测试。

(2) 测量输出电压可调范围。接入负载 R_L(滑线变阻器),并调节 R_L,使输出电流 $I_o \approx 100$ mA。再调节电位器 R_W,测量输出电压可调范围 $U_{omin} \sim U_{omax}$。且使 R_W 动点在中间位置附近时 $U_o = 12$ V。若不满足要求,可适当调整 R_1,R_2 值。

(3) 测量各级静态工作点。调节输出电压 $U_o = 12$ V,输出电流 $I_o = 100$ mA,测量各级静态工作点,记入表 Ⅰ-s1-2。

表 Ⅰ-s1-2

	T_1	T_2	T_3
U_B/V			
U_C/V			
U_E/V			

(4) 测量稳压系数 S。取 $I_o = 100$ mA,按表 Ⅰ-s1-3 改变整流电路输入电压 U_2(模拟电网电压波动),分别测出相应的稳压器输入电压 U_i 及输出直流电压 U_o,记入表 Ⅰ-s1-3。

(5) 测量输出电阻 R_o。取 $U_2 = 16$ V,改变滑线变阻器位置,使 I_o 为空载、50 mA 和 100 mA,测量相应的 U_o 值,记入表 Ⅰ-s1-4。

表 Ⅰ-s1-3

测　试　值			计算值
U_2/V	U_i/V	U_o/V	S
14			$S_{12} =$ $S_{23} =$
16		12	
18			

表 Ⅰ-s1-4

测　试　值		计算值
I_o/mA	U_o/V	R_o/Ω
空载		$R_{o12} =$ $R_{o23} =$
50	12	
100		

*(6) 测量输出纹波电压。取 $U_2 = 16$ V,$I_o = 100$ mA,测量输出纹波电压 U_o,记录之。

*(7) 调整过流保护电路。

1) 断开工频电源,接上保护回路,再接通工频电源,调节 R_W 及 R_L 使 $U_o = 12$ V,$I_o =$ 100 mA,此时保护电路应不起作用。测出 T_3 管各极电位值。

2) 逐渐减小 R_L,使 I_o 增加到 120 mA,观察 U_o 是否下降,并测出保护起作用时 T_3 管各极的电位值。若保护作用过早或迟后,可改变 R_6 值进行调整。

3) 用导线瞬时短接一下输出端,测量 U_o 值,然后去掉导线,检查电路是否能自动恢复正常工作。

五、实训总结

(1) 对表 Ⅰ-s1-1 所测结果进行全面分析,总结桥式整流、电容滤波电路的特点。

(2) 根据表 Ⅰ-s1-3 和表 Ⅰ-s1-4 所测数据,计算稳压电路的稳压系数 S 和输出电阻 R_o,并进行分析。

(3) 分析讨论实验中出现的故障及其排除方法。

六、实训预习要求

(1) 复习教材中有关分立元件稳压电源部分内容，并根据实验电路参数估算U_o的可调范围及$U_o=12$ V时T_1,T_2管的静态工作点(假设调整管的饱和压降$U_{CE1S}\approx 1$ V)。

(2) 说明图Ⅰ-s1-2中U_2,U_i,U_o及$\widetilde{U}_o$的物理意义，并从实验仪器中选择合适的测量仪表。

(3) 在桥式整流电路实验中,能否用双踪示波器同时观察u_2和u_L波形?为什么?

(4) 在桥式整流电路中,如果某个二极管发生开路、短路或反接三种情况,将会出现什么问题?

(5) 为了使稳压电源的输出电压$U_o=12$ V,则其输入电压的最小值U_{imin}应等于多少?交流输入电压U_{2min}又怎样确定?

(6) 当稳压电源输出不正常,或输出电压U_o不随取样电位器R_W而变化时,应如何进行检查找出故障所在?

(7) 分析保护电路的工作原理。

实训二　集成稳压器

一、设计任务

(1) 研究集成稳压器的特点和性能指标的测试方法。

(2) 了解集成稳压器扩展性能的方法。

二、实训原理

随着半导体工艺的发展，稳压电路也制成了集成器件。由于集成稳压器具有体积小、外接线路简单、使用方便、工作可靠和通用性等优点，因此在各种电子设备中应用十分普遍，基本上取代了由分立元件构成的稳压电路。集成稳压器的种类很多，应根据设备对直流电源的要求来进行选择。对于大多数电子仪器、设备和电子电路来说，通常是选用串联线性集成稳压器。而在这种类型的器件中，又以三端式稳压器应用最为广泛。

W7800，W7900 系列三端式集成稳压器的输出电压是固定的，在使用中不能进行调整。W7800 系列三端式稳压器输出正极性电压，一般有 5 V，6 V，9 V，12 V，15 V，18 V，24 V 7 个挡次，输出电流最大可达 1.5 A(加散热片)。同类型 78M 系列稳压器的输出电流为 0.5A，78L 系列稳压器的输出电流为 0.1 A。若要求负极性输出电压，则可选用 W7900 系列稳压器。

图 Ⅰ-s2-1 为 W7800 系列的外形和接线图。

它有三个引出端：

输入端(不稳定电压输入端)　标以“1”

输出端(稳定电压输出端)　标以“3”

公共端　标以“2”

除固定输出三端稳压器外，尚有可调式三端稳压器，后者可通过外接元件对输出电压进行调整，以适应不同的需要。

本实验所用集成稳压器为三端固定正稳压器 W7812，它的主要参数有：输出直流电压 $U_o=+12$ V，输出电流 L：0.1 A，M：0.5 A，电压调整率 10 mV/V，输出电阻 $R_o=0.15\ \Omega$，输入电压 U_i 的范围 15 ～ 17 V。因为一般 U_i 要比 U_o 大 3 ～ 5 V，才能保证集成稳压器工作在线性区。

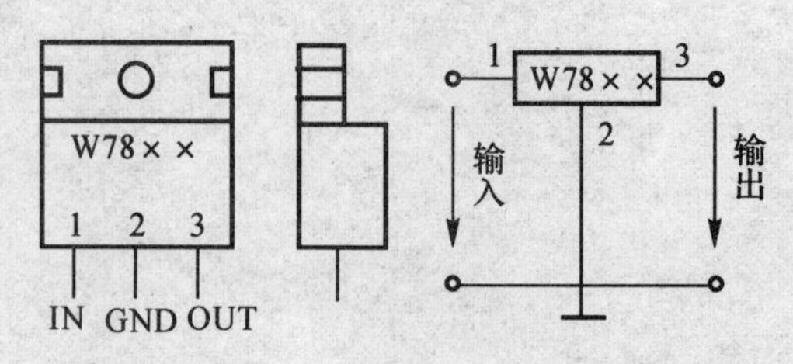

图 Ⅰ-s2-1　W7800 系列外形及接线图

图 Ⅰ-s2-2 是用三端式稳压器 W7812 构成的单电源电压输出串联型稳压电源的实验电

路图。其中整流部分采用了由四个二极管组成的桥式整流器成品（又称桥堆），型号为2W06（或 KBP306），内部接线和外部管脚引线如图 Ⅰ-s2-3 所示。滤波电容 C_1，C_2 一般选取几百至几千微法。当稳压器距离整流滤波电路比较远时，在输入端必须接入电容器 C_3（数值为 0.33 μF），以抵消线路的电感效应，防止产生自激振荡。输出端电容 C_4（0.1 μF）用以滤除输出端的高频信号，改善电路的暂态响应。

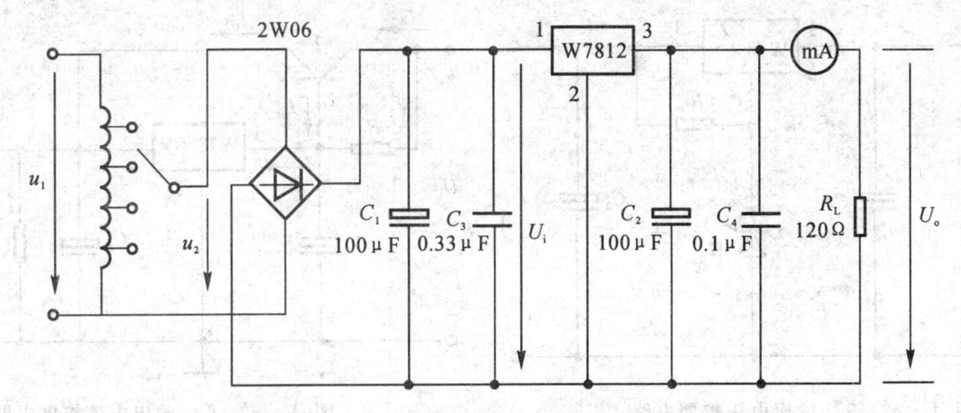

图 Ⅰ-s2-2　由 W7815 构成的串联型稳压电源

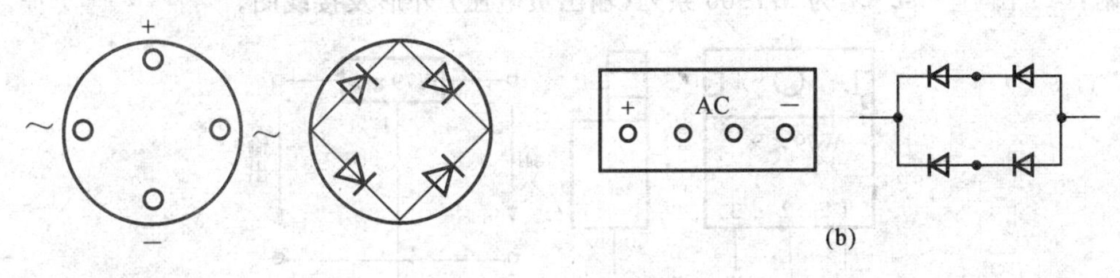

图 Ⅰ-s2-3　桥堆管脚图

(a) 圆桥 2W06；(b) 排桥 KBP306

图 Ⅰ-s2-4 为正、负双电压输出电路，例如需要 $U_{o1}=+15$ V，$U_{o2}=-15$ V，则可选用 W7815 和 W7915 三端稳压器，这时的 U_i 应为单电压输出时的两倍。

当集成稳压器本身的输出电压或输出电流不能满足要求时，可通过外接电路来进行性能扩展。图 Ⅰ-s2-5 是一种简单的输出电压扩展电路。如 W7812 稳压器的 3，2 端间输出电压为 12 V，因此只要适当选择 R 的值，使稳压管 D_W 工作在稳压区，则输出电压 $U_o=12+U_Z$，可以高于稳压器本身的输出电压。

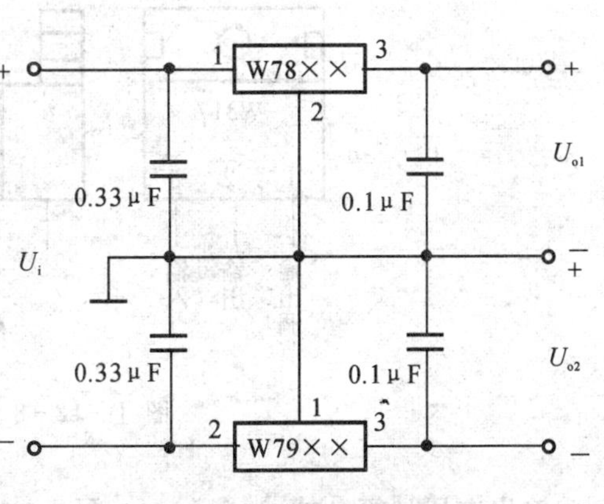

图 Ⅰ-s2-4　正、负双电压输出电路

图 Ⅰ-s2-6 是通过外接晶体管 T 及电阻 R_1 来进行电流扩展的电路。电阻 R_1 的阻值由外接晶体管的发射结导通电压 U_{BE}、三端式稳压器的输入电流 I_i（近似等于三端稳压器的输出电流 I_{o1}）和 T 的基极电流 I_B 来决定，即

$$R_1 = \frac{U_{BE}}{I_R} = \frac{U_{BE}}{I_i - I_B} = \frac{U_{BE}}{I_{o1} - \frac{I_C}{\beta}}$$

式中，I_C为晶体管 T 的集电极电流，$I_C = I_o - I_{o1}$；β为 T 的电流放大系数；对于锗管 U_{BE} 可按 0.3 V 估算，对于硅管 U_{BE}可按 0.7 V 估算。

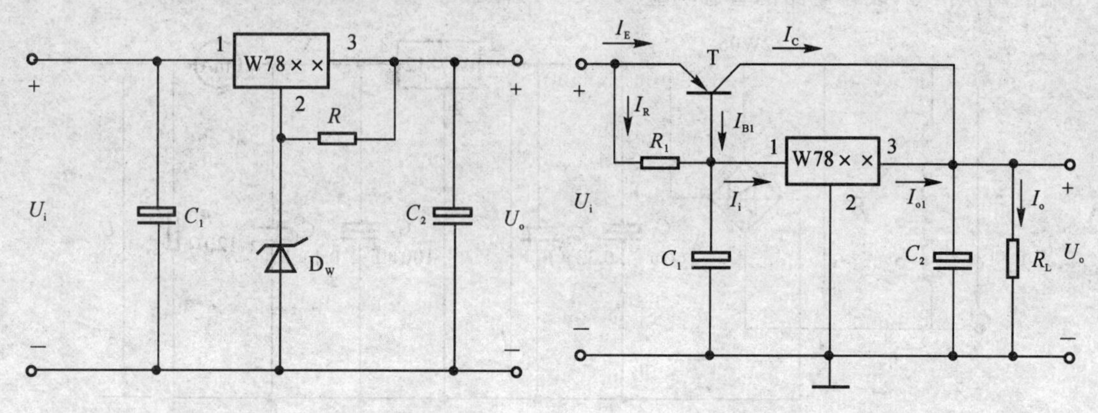

图 Ⅰ-s2-5　输出电压扩展电路　　　图 Ⅰ-s2-6　输出电流扩展电路

附：(1) 图 Ⅰ-s2-7 为 W7900 系列(输出负电压) 外形及接线图。

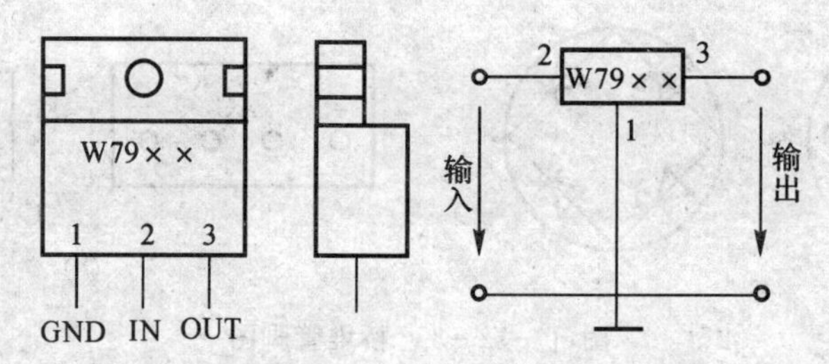

图 Ⅰ-s2-7　W7900 系列外形及接线图

(2) 图 Ⅰ-s2-8 为可调输出正三端稳压器 W317 外形及接线图，其相关参数如下：

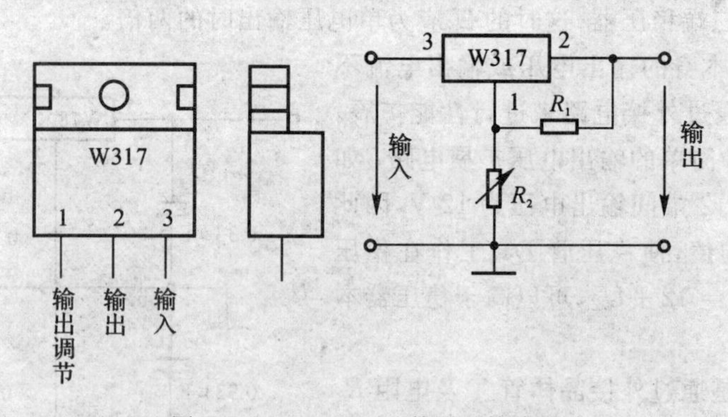

图 Ⅰ-s2-8　W317 外形及接线图

输出电压计算公式　　$U_o \approx 1.25\left(1 + \frac{R_2}{R_1}\right)$

最大输入电压　　$U_{im} = 40\ \text{V}$

输出电压范围　　　　　　　　$U_o = 1.25 \sim 37$ V

三、实训设备与器件

(1) 可调工频电源。　　　　(2) 双踪示波器。

(3) 交流电压毫伏表。　　　(4) 直流电压表。

(5) 直流电流毫安表。　　　(6) 三端稳压器 W7812,W7815,W7915 电阻器、电容器若干。

(7) 桥堆 2W06(或 KBP306)。

四、实训内容

1. 整流滤波电路测试

按图Ⅰ-s2-9连接实验电路,取可调工频电源14 V电压作为整流电路输入电压u_2。接通工频电源,测量输出端直流电压U_L及纹波电压$\widetilde{U}_L$,用示波器观察u_2,u_L的波形,把数据及波形记入自拟表格中。

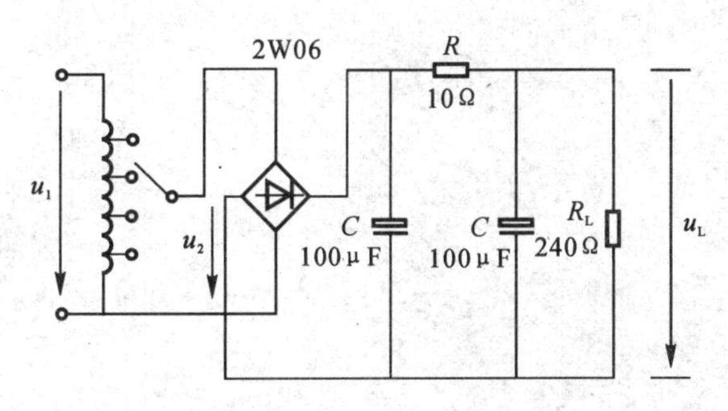

图Ⅰ-s2-9　整流滤波电路

2. 集成稳压器性能测试

断开工频电源,按图Ⅰ-s2-2改接实验电路,取负载电阻$R_L = 120\ \Omega$。

(1) 初测。接通工频14 V电源,测量U_2值;测量滤波电路输出电压U_i(稳压器输入电压),集成稳压器输出电压U_o,它们的数值应与理论值大致符合,否则说明电路出了故障。设法查找故障并加以排除。电路经初测进入正常工作状态后,才能进行各项指标的测试。

(2) 各项性能指标测试。

1) 输出电压U_o和最大输出电流I_{omax}的测量。在输出端接负载电阻$R_L = 120\ \Omega$,由于W7812输出电压$U_o = 12$ V,因此流过R_L的电流$I_{omax} = \frac{12}{120} = 100$ mA。这时U_o应基本保持不变,若变化较大则说明集成块性能不良。

2) 稳压系数S的测量。

3) 输出电阻R_o的测量。

4) 输出纹波电压的测量。

2),3),4) 的测试方法同实训一,把测量结果记入自拟表格中。

*(3) 集成稳压器性能扩展。根据实验器材,选取图Ⅰ-s2-4、图Ⅰ-s2-5或图Ⅰ-s2-8中各元器件,并自拟测试方法与表格,记录实验结果。

五、实训总结

(1) 整理实训数据,计算稳压系数 S 和内阻 R_o,并与手册上的典型值进行比较。

(2) 分析讨论实验中发生的现象和问题。

六、实训预习要求

(1) 复习教材中有关集成稳压器部分内容。

(2) 列出实验内容中所要求的各种表格。

(3) 在测量稳压系数 S 和内阻 R_o 时,应怎样选择测试仪表?

实训三　温度监测及控制电路

一、设计任务

(1) 学习由双臂电桥和差动输入集成运放组成的桥式放大电路。

(2) 掌握滞回比较器的性能和调试方法。

(3) 学会系统测量和调试。

二、实训原理

实验电路如图Ⅰ-s3-1所示，它是由负温度系数电阻特性的热敏电阻(NTC元件)R_t为一臂组成测温电桥，其输出经测量放大器放大后由滞回比较器输出"加热"与"停止"信号，经三极管放大后控制加热器"加热"与"停止"。改变滞回比较器的比较电压U_R即改变控温的范围，而控温的精度则由滞回比较器的滞回宽度确定。

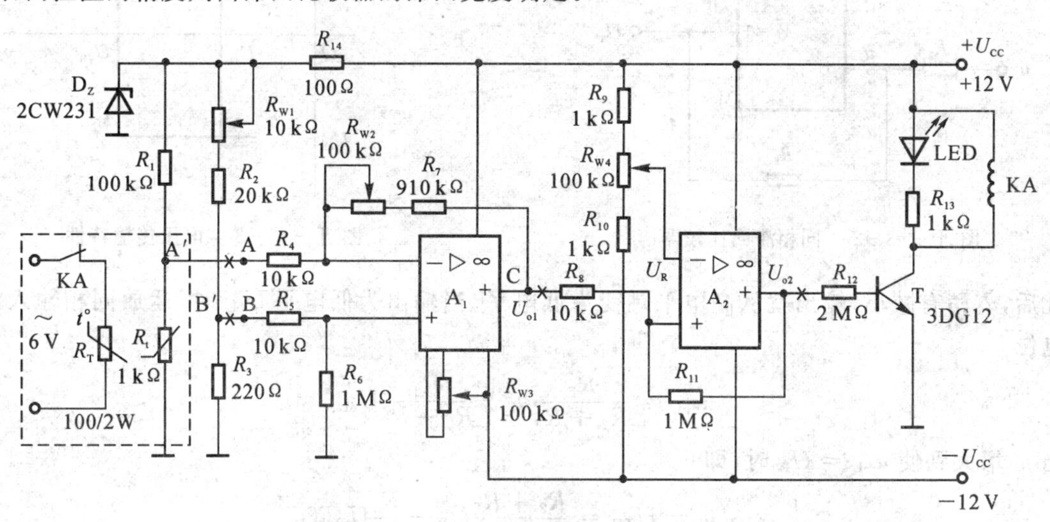

图Ⅰ-s3-1　温度监测及控制实训电路

1. 测温电桥

由R_1,R_2,R_3,R_{W1}及R_t组成测温电桥，其中R_t是温度传感器。其呈现出的阻值与温度呈线性变化关系且具有负温度系数，而温度系数又与流过它的工作电流有关。为了稳定R_t的工作电流，达到稳定其温度系数的目的，设置了稳压管D_Z。R_{W1}可决定测温电桥的平衡。

2. 差动放大电路

由A_1及外围电路组成的差动放大电路，将测温电桥输出电压ΔU按比例放大。其输出电压

$$U_{o1}=-\left(\frac{R_7+R_{W2}}{R_4}\right)U_A+\left(\frac{R_4+R_7+R_{W2}}{R_4}\right)\left(\frac{R_6}{R_5+R_6}\right)U_B$$

当 $R_4 = R_5$，$(R_7 + R_{W2}) = R_6$ 时，$U_{o1} = \frac{R_7 + R_{W2}}{R_4}(U_B - U_A)$，$R_{W3}$ 用于差动放大器调零。

可见差动放大电路的输出电压 U_{o1} 仅取决于两个输入电压之差和外部电阻的比值。

3. 滞回比较器

差动放大器的输出电压 U_{o1} 输入由 A_2 组成的滞回比较器。

滞回比较器的单元电路如图 Ⅰ－s3－2 所示，设比较器输出高电平为 U_{oH}，输出低电平为 U_{oL}，参考电压 U_R 加在反相输入端。

当输出为高电平 U_{oH} 时，运放同相输入端电位

$$u_{+H} = \frac{R_F}{R_2 + R_F}u_i + \frac{R_2}{R_2 + R_F}U_{oH}$$

当 u_i 减小到使 $u_{+H} = U_R$ 时，即

$$u_i = u_{TL} = \frac{R_2 + R_F}{R_F}U_R - \frac{R_2}{R_F}U_{oH}$$

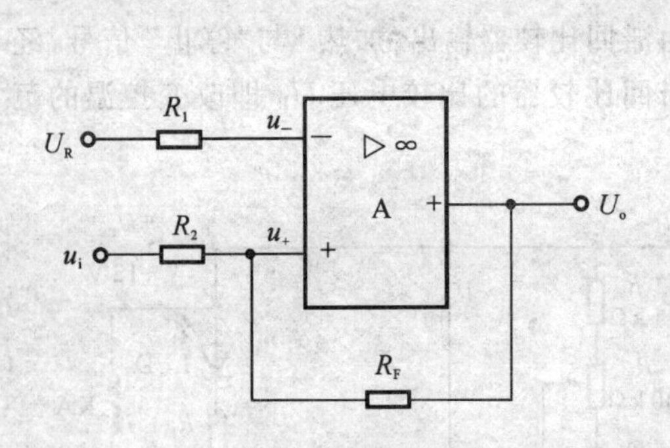

图 Ⅰ－s3－2　同相滞回比较器

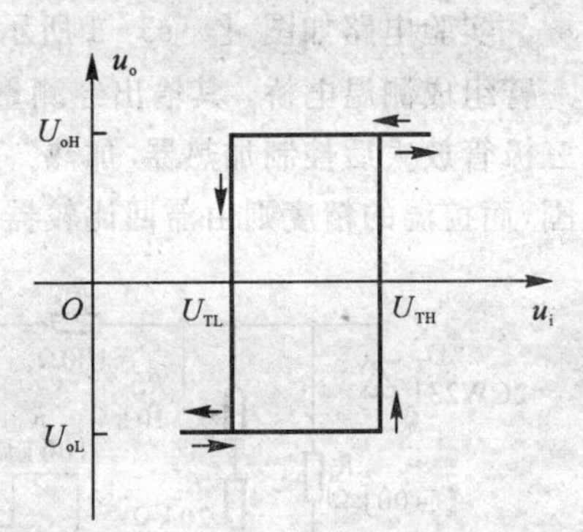

图 Ⅰ－s3－3　电压传输特性

此后，u_i 稍有减小，输出就从高电平跳变为低电平。当输出为低电平 U_{oL} 时，运放同相输入端电位

$$u_{+L} = \frac{R_F}{R_2 + R_F}u_i + \frac{R_2}{R_2 + R_F}U_{oL}$$

当 u_i 增大到使 $u_{+L} = U_R$ 时，即

$$u_i = U_{TH} = \frac{R_2 + R_F}{R_F}U_R - \frac{R_2}{R_F}U_{oL}$$

此后，u_i 稍有增加，输出又从低电平跳变为高电平。

因此 U_{TL} 和 U_{TH} 为输出电平跳变时对应的输入电平，常称 U_{TL} 为下门限电平，U_{TH} 为上门限电平，而两者的差值

$$\Delta U_T = U_{TR} - U_{TL} = \frac{R_2}{R_F}(U_{oH} - U_{oL})$$

称为门限宽度，它们的大小可通过调节 R_2/R_F 的比值来调节。

图 Ⅰ－s3－3 为滞回比较器的电压传输特性。

由上述分析可见，差动放大器输出电压 u_{o1} 经 A_2 组成的滞回比较器分压后，与反相输入端的参考电压 U_R 相比较。当同相输入端的电压信号大于反相输入端的电压时，A_2 输出正饱和电压，三极管 T 饱和导通。通过发光二极管 LED 的发光情况，可见负载的工作状态为加热。反之，

为同相输入信号小于反相输入端电压时，A_2 输出负饱和电压，三极管 T 截止，LED 熄灭，负载的工作状态为停止。调节 R_{W4} 可改变参考电平，也同时调节了上下门限电平，从而达到设定温度的目的。

三、实训设备

(1) ±12 V 直流电源。　　(2) 函数信号发生器。

(3) 双踪示波器。　　(4) 热敏电阻(NTC)。

(5) 运算放大器 μA741×2、晶体三极管 3DG12、稳压管 2CW231、发光管 LED。

四、实训内容

按图 Ⅰ-s3-2 连接实验电路，各级之间暂不连通，形成各级单元电路，以便各单元分别进行调试。

1. 差动放大器

差动放大电路如图 Ⅰ-s3-4 所示。它可实现差动比例运算。

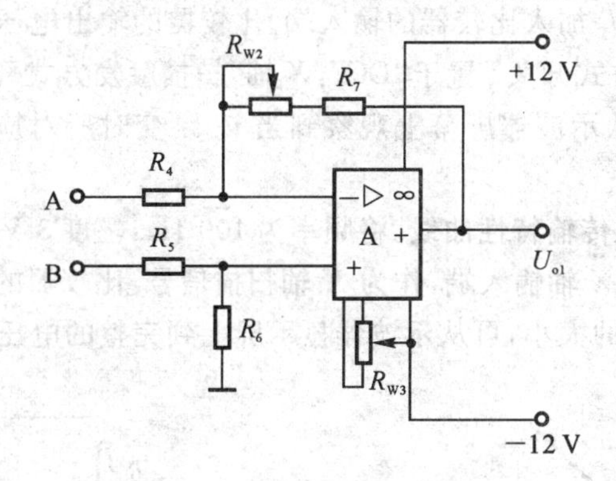

图 Ⅰ-s3-4　差动放大电路

(1) 运放调零。将 A，B 两端对地短路，调节 R_{W3} 使 $U_o=0$。

(2) 去掉 A，B 端对地短路线。从 A，B 端分别加入不同的两个直流电平。当电路中 $R_7+R_{W2}=R_6$，$R_4=R_5$ 时，其输出电压

$$u_o=\frac{R_7+R_{W2}}{R_4}(U_B-U_A)$$

在测试时，要注意加入的输入电压不能太大，以免放大器输出进入饱和区。

(3) 将 B 点对地短路，把频率为 100 Hz、有效值为 10 mV 的正弦波加入 A 点。用示波器观察输出波形。在输出波形不失真的情况下，用交流电压毫伏表测出 u_i 和 u_o 的电压。算得此差动放大电路的电压放大倍数 A。

2. 桥式测温放大电路

将差动放大电路的 A，B 端与测温电桥的 A′，B′ 端相连，构成一个桥式测温放大电路。

(1) 在室温下使电桥平衡。在实验室室温条件下，调节 R_{W1}，使差动放大器输出 $U_{o1}=0$（注意：前面实验中调好的 R_{W3} 不能再动）。

(2) 温度系数 K(V/℃)。由于测温需升温槽，为使实验简易，可虚设室温 T 及输出电压 u_{o1}，温度系数 K 也定为一个常数，具体参数由读者自行填入表 Ⅰ-s3-1。

表 Ⅰ-s3-1

温度 T/℃	室温　℃					
输出电压 U_{o1}/V	0					

从表 Ⅰ-s3-1 中可得到 $K = \Delta U/\Delta T$。

(3) 桥式测温放大器的温度-电压关系曲线。根据前面测温放大器的温度系数 K，可画出测温放大器的温度-电压关系曲线，实验时要标注相关的温度和电压的值，如图 Ⅰ-s3-5 所示。从图中可求得在其他温度时，放大器实际应输出的电压值。也可得到在当前室温时，U_{o1} 实际对应值 U_s。

(4) 重调 R_{W1}，使测温放大器在当前室温下输出 U_s。即调 R_{W1}，使 $U_{o1} = U_s$。

3. 滞回比较器

滞回比较器电路如图 Ⅰ-s3-6 所示。

(1) 直流法测试比较器的上下门限电平。首先确定参考电平 U_R 值。调 R_{W4}，使 $U_R = 2$ V。然后将可变的直流电压 U_i 加入比较器的输入端。比较器的输出电压 U_o 送入示波器 Y 输入端(将示波器的"输入耦合方式开关"置于"DC"，X 轴"扫描触发方式开关"置于"自动")。改变直流输入电压 U_i 的大小，从示波器屏幕上观察到当 u_o 跳变时所对应的 U_i 值，即为上、下门限电平。

(2) 交流法测试电压传输特性曲线。将频率为 100 Hz，幅度 3 V 的正弦信号加入比较器输入端，同时送入示波器的 X 轴输入端，作为 X 轴扫描信号。比较器的输出信号送入示波器的 Y 轴输入端。微调正弦信号的大小，可从示波器显示屏上到完整的电压传输特性曲线。

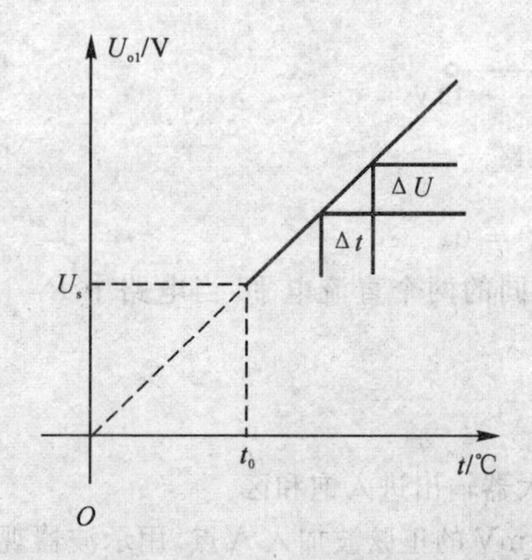

图 Ⅰ-s3-5　温度-电压关系曲线

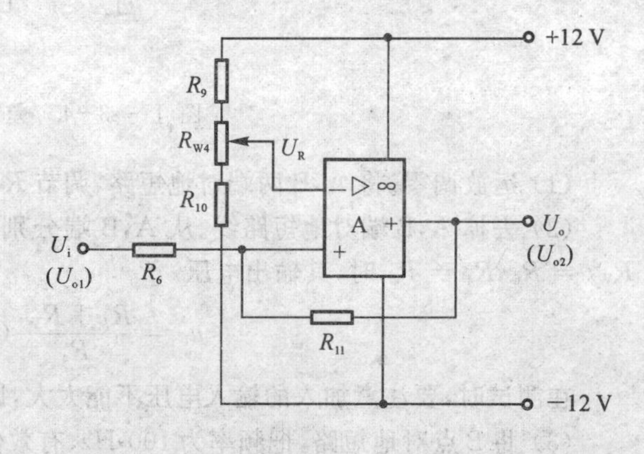

图 Ⅰ-s3-6　滞回比较器电路

4. 温度检测控制电路整机工作状况

(1) 按图 Ⅰ-s3-1 连接各级电路(注意：可调元件 R_{W1}，R_{W2}，R_{W3} 不能随意变动。如有变动，必须重新进行前面内容)。

(2) 根据所需检测报警或控制的温度 t，从测温放大器温度-电压关系曲线中确定对应的 u_{o1} 值。

(3) 调节 R_{W4} 使参考电压 $U_R' = U_R = U_{o1}$。

(4) 用加热器升温，观察温升情况，直至报警电路动作报警(在实验电路中当 LED 发光时作为报警)，记下动作时对应的温度值 t_1 和 U_{o11} 的值。

(5) 用自然降温法使热敏电阻降温，记下电路解除时所对应的温度值 t_2 和 U_{o12} 的值。

(6) 改变控制温度 T，重作(2)，(3)，(4)，(5) 内容。把测试结果记入表 Ⅰ－s3－2。

根据 t_1 和 t_2 值，可得到检测灵敏度

$$t_o = (t_2 - t_1)$$

注：实验中的加热装置可用一个 100 Ω/2W 的电阻 R_T 模拟，将此电阻靠近 R_t 即可。

五、实训总结

(1) 整理实数据，画出有关曲线、数据表格以及实验线路。

(2) 用方格纸画出测温放大电路温度系数曲线及比较器电压传输特性曲线。

(3) 实训中的故障排除情况及体会。

表 Ⅰ－s3－2

设定温度 t/℃								
设定电压	从曲线上查得 U_{o1}							
	U_R							
动作温度	t_1/℃							
	t_2/℃							
动作电压	U_{o11}/V							
	U_{o12}/V							

六、实训预习要求

(1) 阅读教材中有关集成运算放大器应用部分的章节。了解集成运算放大器构成的差动放大器等电路的性能和特点。

(2) 根据实验任务，拟出实验步骤及测试内容，画出数据记录表格。

(3) 依照实验线路板上集成运放插座的位置，从左到右安排前后各级电路。

画出元件排列及布线图。元件排列既要紧凑，又不能相碰，以便缩短连线，防止引入干扰。同时又要便于实验中测试方便。

(4) 思考并回答下列问题：

1) 如果放大器不进行调零，将会引起什么结果？

2) 如何设定温度检测控制点？

*实训四　函数发生器的设计

一、实训目的

通过本课题设计，要求掌握方波-三角波-正弦波函数发生器的设计方法与调试技术。学会安装与调试由多级单元电路组成的电子线路，学会使用集成函数发生器。

二、设计任务

设计课题：方波-三角波-弦波发生器。

1. 主要技术指标

频率范围　10 Hz ～ 100 Hz，　100 Hz ～ 1 kHz，1 kHz ～ 10 kHz。

频率控制方式　通过改变 RC 时间常数手控信号频率；通过改变控制电压 U_C 实现压控频率(VCF)。

输出电压　正弦波 $U_{pp} \approx 3$ V 幅度连续可调；

三角波 $U_{pp} \approx 5$ V 幅度连续可调；

方波 $U_{pp} \approx 14$ V 幅度连续可调。

波形特征　方波上升时间小于 2 μs；

三角波非线性失真小于 1%；

正弦波谐波失真小于 3%。

扩展部分　自拟。可涉及下列功能：

功率输出；

矩形波占空比 50% ～ 95% 可调；

锯齿波斜率连续可调；

能输出扫频波。

2. 设计要求

(1) 根据技术指标要求及实验室条件自选方案设计出原理电路图，分析工作原理，计算元件参数。

(2) 列出所有元器件清单报实验室备件。

(3) 安装调试所设计的电路，使之达到设计要求。

(4) 记录实验结果。

(5) 撰写设计报告、调试总结报告及使用说明书。

三、基本原理

1. 函数发生器的组成

函数发生器一般是指能自动产生正弦波、三角波(锯齿波)、方波(矩形波)、接替波等电压波形的电路或仪器。电路形式可以采用由运放及分立元件构成；也可以采用单片集成函数发生器。根据用途不同，有产生三种或多中波形的函数发生器，本实训介绍方波-三角波-正弦波函数发生器的设计方法。

产生方波、三角波和正弦波的方案有多种，如首先产生正弦波，然后通过比较器电路变换成方波，在通过积分电路变换成三角波；也可以首先产生方波、三角波，然后叫三角波变成正弦波或将方波变成正弦波；或采用一片能同时产生上述三种波形的专用集成电路芯片(5G8038)。本实训仅介绍先产生方波、三角波，再讲三角波变换成正弦波的电路设计方法及集成函数发生器的典型电路。

2. 函数发生器的主要性能指标

(1) 输出波形：方波、三角波、正弦波等。

(2) 频率范围：输出频率范围一般可分为若干波段。

(3) 输出电压：输出电压一般指输出波形的峰峰值。

(4) 波形特性：

正弦波：谐波失真度，一般要求小于3%。

三角波：非线性失真度，一般小于2%。

方波：上升沿和下降沿时间，一般小于2 μs。

四、设计指导

1. 单片机集成函数发生器 5G8038

专用集成电路芯片5G8038是能同时产生正弦波，三角波和方波的函数发生器，如图Ⅰ-s4-1所示。

(1) 5G8038基本工作原理。

5G8038的引脚排列图如图Ⅰ-s4-1所示，它的结构可用图Ⅰ-s4-2来表示。通常它由两个比较器组成一个参考电压分别设置在$\frac{1}{2}V_{CC}$和$\frac{2}{3}V_{CC}$上的窗口比较器。而这个窗口比较器的输出分别控制一个后随的RS触发器的位置与复位端。外接定时电容C_T的充放电回路由内部设置的上、下两个电流源CS_1和CS_2担任，而充电与放电的转换，则由RS触发器的输出通过电子模拟开关的通或断来进行控制。另外，在定时电容C_T上形成的线形三角波经阻抗转换器（缓冲器）输出，产生三角波。为得到在比较宽的频率范围内由三角波到正弦波的转换，内设一个有电阻与晶体管组成的折线近似转换网络(正弦波变换器)，以得到低失真的正弦信号输出。

定时电容C_T上的三角波经三角波—正弦波转换后，就可输出频率与方波(或三角波)一致的正弦波信号。当充放电电流相等时，输出为一个对称的三角波。除此之外，函数发生器的内部两个电流源CS_1和CS_2还可通过外部电路调节电流值的比，以便获得输出占空比不为50%，而是从1%～99%可变的矩形波和锯齿波，这样可适应各种不同的应用需要。但此时正弦波要严重失真。

(2) 5G8038主要技术指标：

频率温度漂移：≤50 ppm/℃；

输出波形：同时输出正弦波、三角波和方波；

工作频率范围：0.001 Hz～300 kHz；

输出正弦波失真：≤1%；三角波输出线性度可优于0.1%；

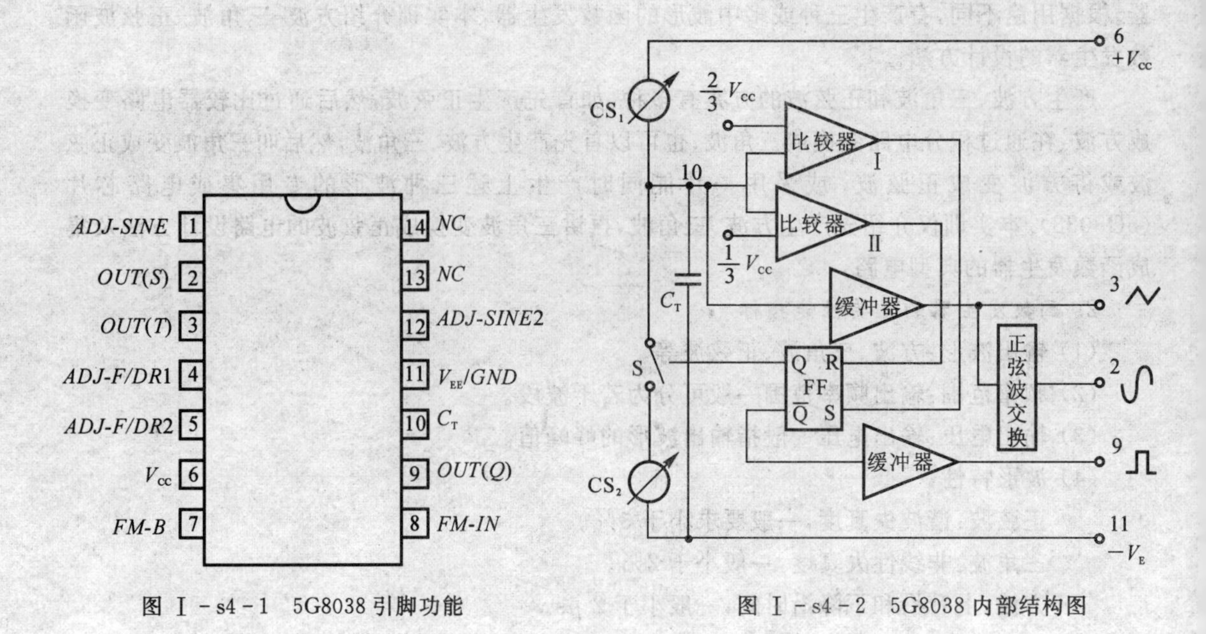

图 Ⅰ - s4 - 1　5G8038 引脚功能　　　　图 Ⅰ - s4 - 2　5G8038 内部结构图

矩形波输出占空间系数：在 1% ～ 99% 范围内调节；

输出矩形波电平：4.2 V ～ 28 V；

电源电压：单电源 ＋10 V ～＋30 V；双电源 ±5 V ～±15 V。

(3) 典型应用。典型使用如图 Ⅰ - s4 - 3 所示。图中，输出频率由 8 脚电位和定时电容 C_2 决定。改变 R_{W2} 的中心抽头位置，则方波的占空比、锯齿波的上升和下降时间比改变。R_{W3}，R_{W4} 与 R_6，R_7 支路可调节正弦波的失真度。

五、设计示例

单片集成函数发生器 5G8038。

图 Ⅰ - s4 - 2 表示由 μA741 和 5G8038 组成的精密压控振荡器，当脚 8 与一连续可调的支流电压相连时，输出频率亦连续可调。当次电压为最小值(近似为 0) 时，输出频率低，当电压为最大值时，输出频率最高；5G8038 控制电压有效作用范围是 0 ～ 3 V。由于 5G8038 本身的线性度仅在扫描频率范围 10 : 1 时为 0.2%，更大范围(如 1 000 : 1) 时线性幅随之变坏，所以控制电压经 μA741 后再送入 5G8038 的脚 8，这样会有效地改善压控线性度(优于 1%)。若脚 4，5 的外接电阻相等且为 R，此时输出频率可由下式决定：

$$f = 0.3 / RC_4$$

设函数发生器最高工作频率为 2 kHz，定时电容 C_4 可由上式求得。

电路中 R_{W3} 是用来调整高频端波形的对称性，而 R_{W3} 是用来调整低频端波形的对称性，调整 R_{W3} 和 R_{W3} 可以改善正弦波的失真。稳压管 VD_Z 是为了避免脚 8 上的负压过大而使 5G8038 工作失常设置的。

六、电路安装与指标测试

下面介绍集成函数发生器 5G8038 的一般调试方法：

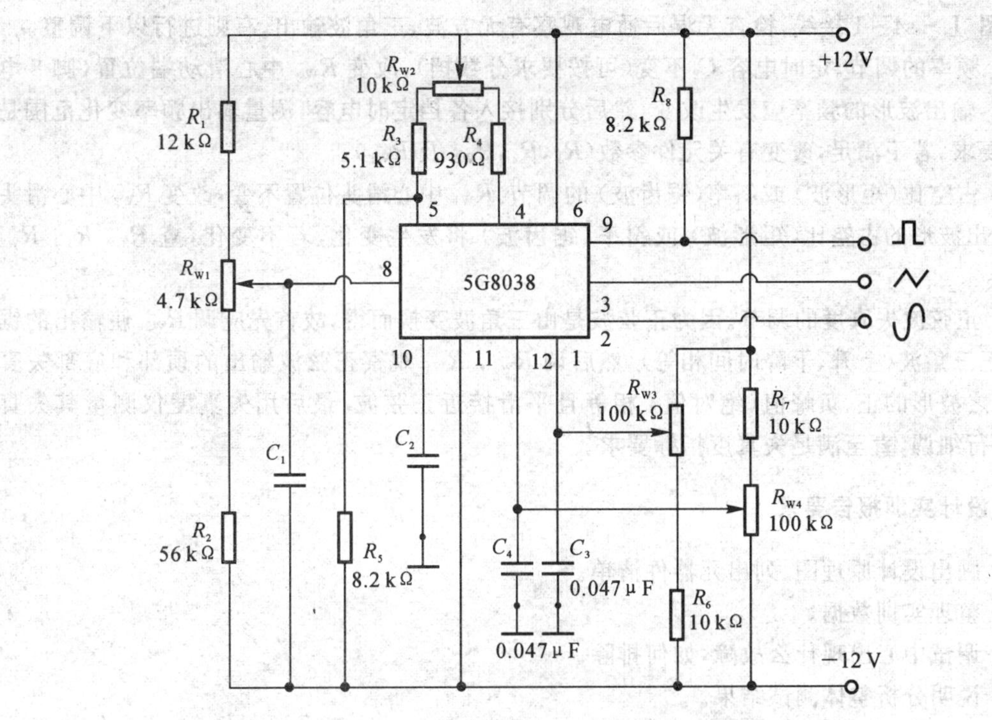

图 Ⅰ-s4-3　5G8038 的典型应用电路

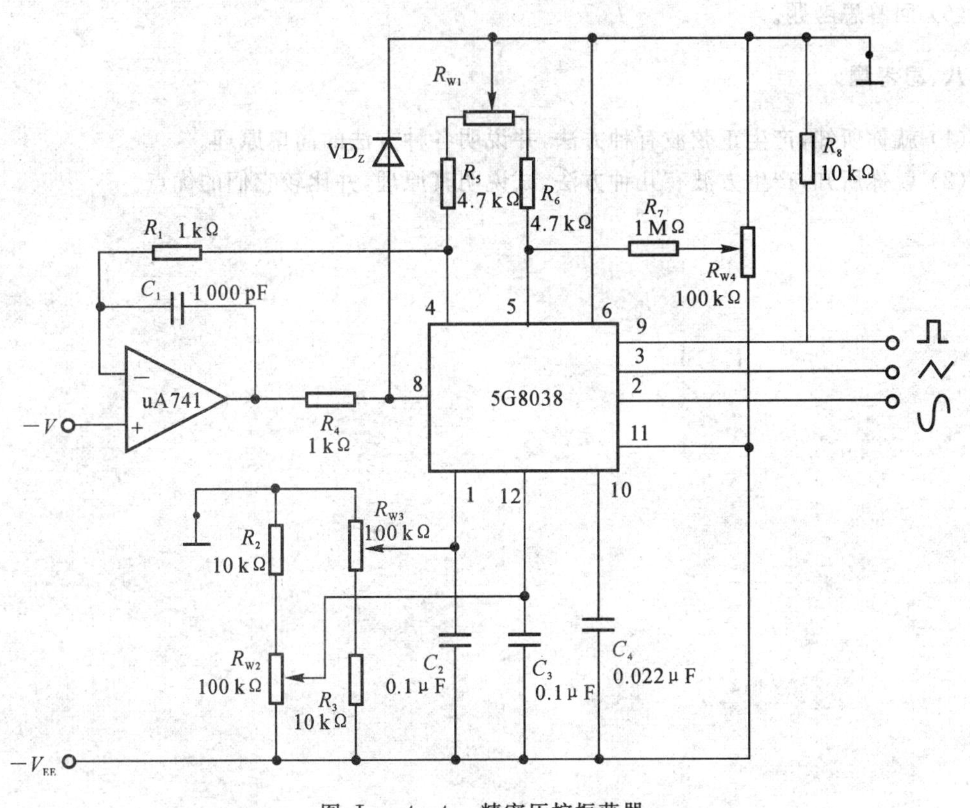

图 Ⅰ-s4-4　精密压控振荡器

按图 Ⅰ－s4－1 接线，检查无误后通电观察有无方波、三角波输出，有则进行以下调整。

(1) 频率的调节。定时电容 C_2 不变(可按要求分数挡)，改变 R_{W1} 中心滑动端位置(脚 8 电压改变)，输出波形的频率应发生改变，然后分别接入各挡定时电容，测量输出频率变化范围是否满足要求，若不满足，改变有关元件参数(R_1，R_2，R_{W2} 及 R_{W1})。

(2) 占空比(矩形波)或斜率(锯齿波)的调节。R_{W1} 中心滑头位置不变，改变 R_{W2} 中心滑头位置，输出波形的占空比(矩形波)或斜率(锯齿波)将发生变化，若不变化，查 R_3，R_4，R_{W2} 回路。

(3) 正弦波失真度的调节。因为正弦波是由三角波变换而得，故首先应调 R_{W2} 使输出的锯齿波为正三角波(上升、下降时间相等)，然后调 R_{W3}，R_{W4} 观察正弦波输出的顶部和底部失真程度，使之波形的正、负峰值(绝对值)相等且平滑接近正弦波。最后用失真度仪测量其失真度，再进行细调，直至满足失真度指标要求。

七、设计实训报告要求

(1) 画出设计原理图，列出元器件清单。

(2) 整理实训数据。

(3) 调试中心出现什么故障，如何排除。

(4) 说明分析整体测试结果。

(5) 写出本实训的心得体会。

(6) 回答思考题。

八、思考题

(1) 就你所知，产生正弦波有种方法，并说明各种方法的简单原理。

(2) 就你所知，产生方波有几种方法，试说明其原理，并比较它们的优点。

*实训五　水温控制系统

一、实训目的

温度控制器是实现测温和控温的电路，通过对温度控制电路的设计、安装和调试了解温度传感器的性能，学会在实际电路中应用。进一步熟悉集成运算放大器的线性和非线性应用。

二、设计任务

其主要技术指标如下：

(1) 测温和控温范围：室温 ～ 80℃(实时控制)。

(2) 控温精度：±1℃。

(3) 控温通道输出为双向晶闸管或继电器，一组转换接点为市电 220 V，10A。

三、基本原理

温度控制器的基本组成框图如图 Ⅰ-s5-1 所示。本电路由温度传感器、K—℃ 变换、温度设置、数字显示和输出功率级等部件组成。温度传感器的作用是把温度信号转换成电流或电压信号，K—℃ 变换器将绝对温度 K 转换成摄氏温度 ℃。信号经放大和刻度定标(0.1/℃) 后由三位半数字电压表直接显示温度值，并同时送入比较器与预先设定的固定电压(对应控制温度点) 进行比较，由比较器输出电平高低变化来控制执行机构(如继电器) 工作，实现温度自动控制。

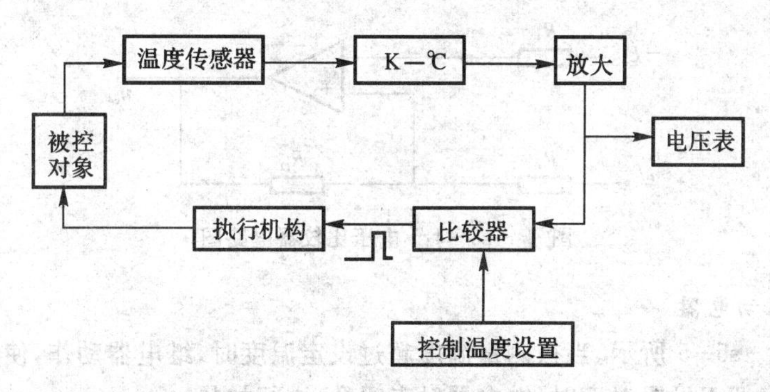

图 Ⅰ-s5-1　温度控制器的基本组成框图

四、设计指导

1. 温度传感器

建议采用 AD590 集成温度传感器进行温度 — 电流转换，它是一种电流型二端器件，其内部已作修正，具有良好的互换性和线性。有消除电源波动的特性。输出阻抗达 10 MΩ，转换当量为 1 μA/K。器件用 B—1 型金属壳封装。

温度 — 电压变换电路如图 Ⅰ - s5 - 2 所示。由图可得

$$u_{o1} = 1\ \mu A/K \times R = R \times 10^{-6}/K$$

如 $R = 10\ k\Omega$，则 $u_{o1} = 10\ mV/K$。

2. K—℃ 变换器

因为 AD590 的温控电流值是对应绝对温度 K，而在温控中需要采用 ℃，由运放组成的加法器可实现这一转换，参考电路如图 Ⅰ - s5 - 3 所示。

元件参数的确定和 $-UR$ 选取的指导思想是：0℃(即 273 K) 时，$u_{o2} = 0$ V。

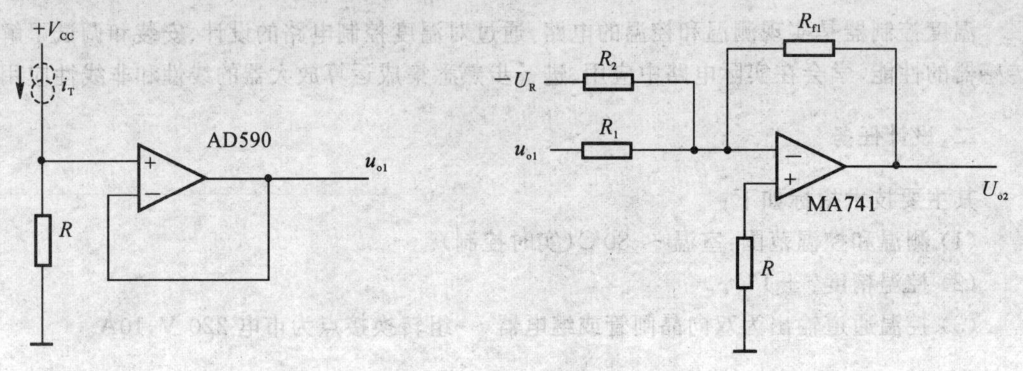

图 Ⅰ - s5 - 2　温度 — 电压变换电路图　　　　图 Ⅰ - s5 - 3　温度 — 电压变换电路图

3. 放大器

设计一个反相比例放大器，使其输出 u_{o3} 满足 100 mV/℃。用数字电压表可实现温度显示。

4. 比较器

由电压比较器组成，如图所示。U_{REF} 为控制温度设定电压(对应控制温度)，R_{f2} 用于改善比较器的迟滞特性，决定控温精度。

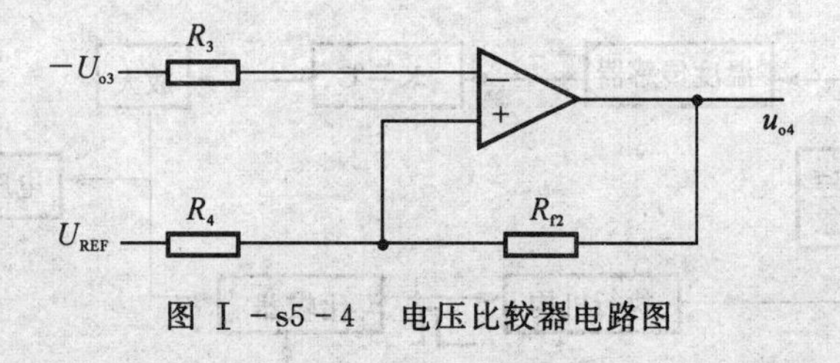

图 Ⅰ - s5 - 4　电压比较器电路图

5. 继电器驱动电器

电路如图 Ⅰ - s5 - 5 所示。当被测量温度超过设定温度时，继电器动作，使触点断开停止加热，反之被测温度低于设置温度时，继电器触点闭合，进行加热。

五、调试要点和注意事项

用温度计测传感器处的温度 T(℃) 如 $T = 27$℃(300 K)。若取 $R = 10\ k\Omega$，则 $u_{o1} = 3$ V，调整 UR 的值使 $u_{o2} = -270$ mV，若放大器的放大倍数为 -10 倍，则 u_{o3} 应为 2.7 V。测比较器的比较电压 U_{REF} 值，使其等于所要控制的温度乘以 0.1 V，设定温度为 50℃，则 U_{REF} 值为 5 V。比较器的输出可接 LED 指示。把温度传感器加热(可用电吹风吹) 在温度小于设定值前 LED 应一直处于点亮状态，反之，则熄灭。

如果控温精度不良或过于灵敏造成继电器在被动点抖动，可改变电阻 R_{f2} 的值。

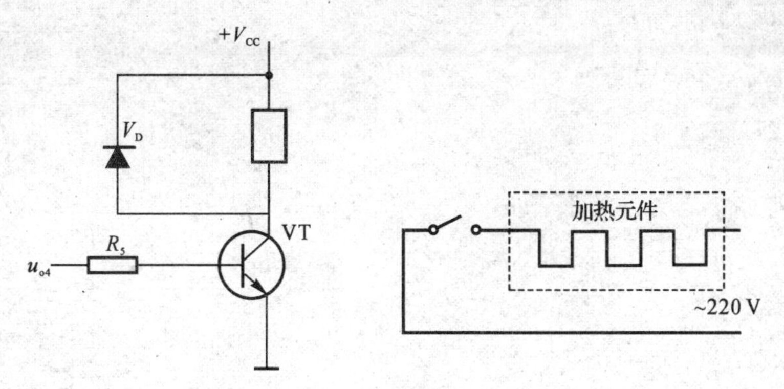

图 Ⅰ-s5-5　继电器驱动电路图

六、设计报告要求

(1) 根据技术要求及实验室条件自选设计出原理电路图，分析工作原理。

(2) 列出元器件清单。

(3) 整理实训数据。

(4) 说明在测试发现什么故障，如何排除。

(5) 写出实训的心得体会。

数字部分

实验一　TTL 集成逻辑门的逻辑功能与参数测试

一、实验目的

(1) 掌握 TTL 集成与非门的逻辑功能和主要参数的测试方法。

(2) 掌握 TTL 器件的使用规则。

(3) 进一步熟悉数字电路实验装置的结构，基本功能和使用方法。

二、实验原理

本实验采用四输入双与非门 74LS20，即在一块集成块内含有 2 个互相独立的与非门，每个与非门有 4 个输入端。其逻辑框图、符号及引脚排列如图 Ⅱ-1-1 所示。

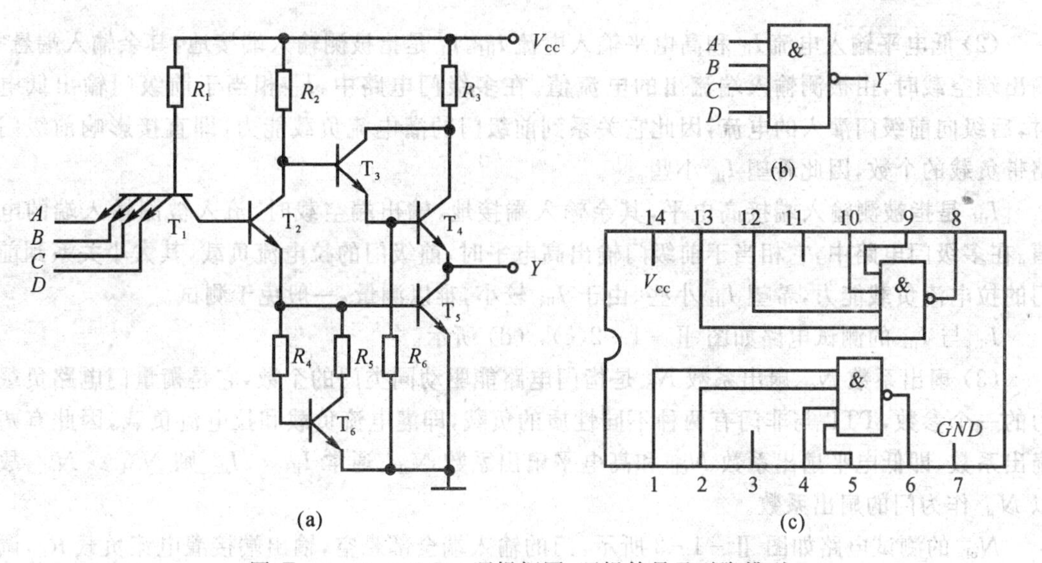

图 Ⅱ-1-1　74LS20 逻辑框图、逻辑符号及引脚排列

1. 与非门的逻辑功能

与非门的逻辑功能是：当输入端中有一个或一个以上是低电平时，输出端为高电平；只有当输入端全部为高电平时，输出端才是低电平(即有“0”得“1”，全“1”得“0”。)

其逻辑表达式为　$Y=\overline{AB\cdots}$

2. TTL 与非门的主要参数

(1) 低电平输出电源电流 I_{CCL} 和高电平输出电源电流 I_{CCH}。与非门处于不同的工作状态，电源提供的电流是不同的。I_{CCL} 是指所有输入端悬空，输出端空载时，电源提供器件的电流。I_{CCH} 是指输出端空载，每个门各有一个以上的输入端接地，其余输入端悬空，电源提供给器件的电流。通常 $I_{CCL}>I_{CCH}$，它们的大小标志着器件静态功耗的大小。器件的最大功耗为 $P_{CCL}=V_{CC}I_{CCL}$。手册中提供的电源电流和功耗值是指整个器件总的电源电流和总的功耗。I_{CCL} 和 I_{CCH}

测试电路如图 Ⅱ－1－2(a),(b) 所示。

注意:TTL 电路对电源电压要求较严,电源电压 V_{CC} 只允许在 $+5\ V\pm 10\%$ 的范围内工作,超过 5.5 V 将损坏器件;低于 4.5 V 器件的逻辑功能将不正常。

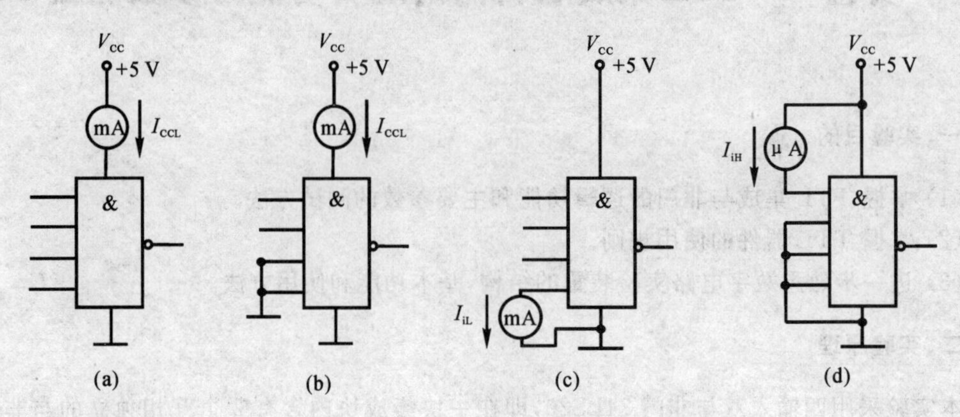

图 Ⅱ－1－2 TTL 与非门静态参数测试电路图

(2) 低电平输入电流 I_{iL} 和高电平输入电流 I_{iH}。I_{iL} 是指被测输入端接地,其余输入端悬空,输出端空载时,由被测输入端流出的电流值。在多级门电路中,I_{iL} 相当于前级门输出低电平时,后级向前级门灌入的电流,因此它关系到前级门的灌电流负载能力,即直接影响前级门电路带负载的个数,因此希望 I_{iL} 小些。

I_{iH} 是指被测输入端接高电平,其余输入端接地,输出端空载时,流入被测输入端的电流值。在多级门电路中,它相当于前级门输出高电平时,前级门的拉电流负载,其大小关系到前级门的拉电流负载能力,希望 I_{iH} 小些。由于 I_{iH} 较小,难以测量,一般免于测试。

I_{iL} 与 I_{iH} 的测试电路如图 Ⅱ－1－2(c),(d) 所示。

(3) 扇出系数 N_o。扇出系数 N_o 是指门电路能驱动同类门的个数,它是衡量门电路负载能力的一个参数,TTL 与非门有两种不同性质的负载,即灌电流负载和拉电流负载,因此有两种扇出系数,即低电平扇出系数 N_{oL} 和高电平扇出系数 N_{oH}。通常 $I_{iH} < I_{iL}$,则 $N_{oH} > N_{oL}$,故常以 N_{oL} 作为门的扇出系数。

N_{oL} 的测试电路如图 Ⅱ－1－3 所示,门的输入端全部悬空,输出端接灌电流负载 R_L,调节 R_L 使 I_{oL} 增大,V_{oL} 随之增高,当 V_{oL} 达到 V_{oLm}(手册中规定低电平规范值 0.4 V)时的 I_{oL} 就是允许灌入的最大负载电流,则

$$N_{oL} = \frac{I_{oL}}{I_{iL}} \quad (N_{oL} \geqslant 8)$$

(4) 电压传输特性。门的输出电压 v_o 随输入电压 v_i 而变化的曲线 $v_o = f(v_i)$ 称为门的电压传输特性,通过它可读得门电路的一些重要参数,如输出高电平 V_{oH}、输出低电平 V_{oL}、关门电平 V_{off}、开门电平 V_{on}、阈值电平 V_T 及抗干扰容限 V_{NL}、V_{NH} 等值。测试电路如图 Ⅱ－1－4 所示,采用逐点测试法,即调节 R_W,逐点测得 V_i 及 V_o,然后绘成曲线。

(5) 平均传输延迟时间 t_{pd}。t_{pd} 是衡量门电路开关速度的参数,它是指输出波形边沿的 $0.5V_m$ 至输入波形对应边沿 $0.5V_m$ 点的时间间隔,如图 Ⅱ－1－5 所示。

图 Ⅱ－1－5 中所示的 t_{pdL} 为导通延迟时间,t_{pdH} 为截止延迟时间,平均传输延迟时间为

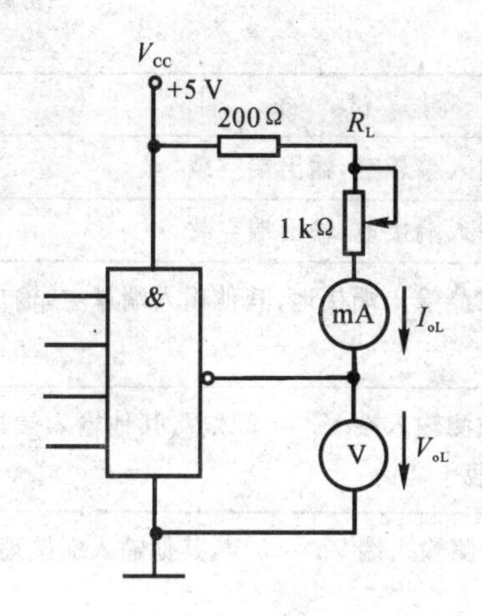

图 Ⅱ-1-3　扇出系数试测电路

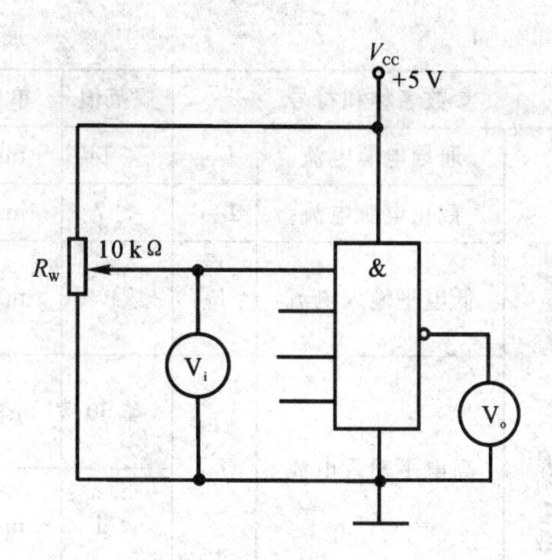

图 Ⅱ-1-4　传输特性测试电路

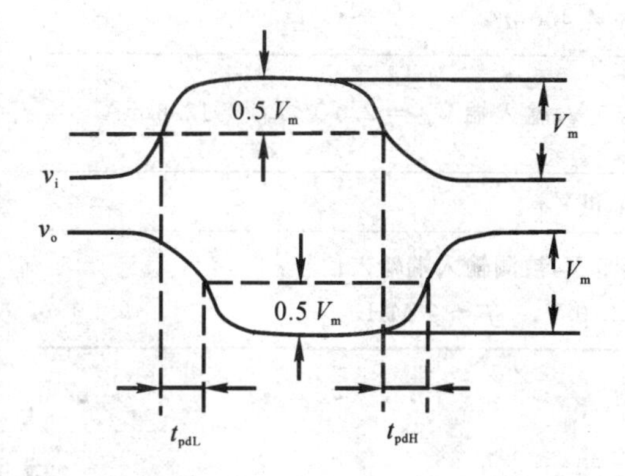

图 Ⅱ-1-5　传输延迟特性

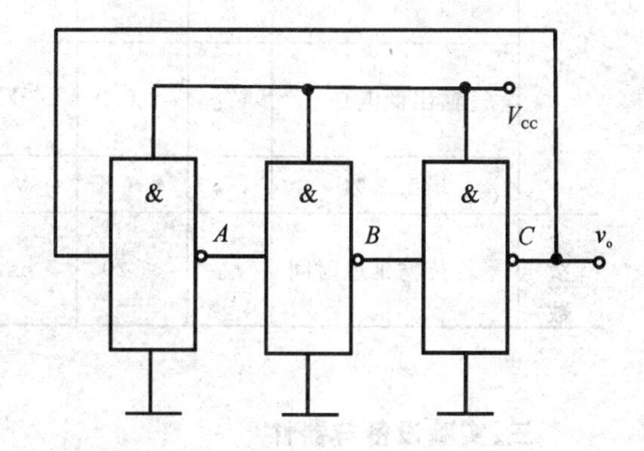

图 Ⅱ-1-6　t_{pd} 的测试电路

$$t_{pd} = \frac{1}{2}(t_{pdL} + t_{pdH})$$

t_{pd} 的测试电路如图 Ⅱ-1-6 所示，由于 TTL 门电路的延迟时间较小，直接测量时对信号发生器和示波器的性能要求较高，故实验采用测量由奇数个与非门组成的环形振荡器的振荡周期 T 来求得。其工作原理是：假设电路在接通电源后某一瞬间，电路中的 A 点为逻辑“1”，经过三级门的延迟后，使 A 点由原来的逻辑“1”变为逻辑“0”；再经过三级门的延迟后，A 点电平又重新回到逻辑“1”。电路中其他各点电平也跟随变化。说明使 A 点发生一个周期的振荡，必须经过 6 级门的延迟时间。因此平均传输延迟时间为

$$t_{pd} = \frac{T}{6}$$

TTL 电路的 t_{pd} 一般在 10 ns ～ 40 ns 之间。

74LS20 主要电参数规范如表 Ⅱ-1-1 所示。

表 Ⅱ-1-1

参数名称和符号			规范值	单位	测试条件
直流参数	通导电源电流	I_{CCL}	＜14	mA	$V_{CC}=5$ V,输入端悬空,输出端空载
	截止电源电流	I_{CCH}	＜7	mA	$V_{CC}=5$ V,输入端接地,输出端空载
	低电平输入电流	I_{iL}	≤1.4	mA	$V_{CC}=5$ V,被测输入端接地,其他输入端悬空,输出端空载
	高电平输入电流	I_{iH}	＜50	μA	$V_{CC}=5$ V,被测输入端 $V_{in}=2.4$ V,其他输入端接地,输出端空载
			＜1	mA	$V_{CC}=5$ V,被测输入端 $V_{in}=5$ V,其他输入端接地,输出端空载
	输出高电平	V_{oH}	≥3.4	V	$V_{CC}=5$ V,被测输入端 $V_{in}=0.8$ V,其他输入端悬空,$I_{oH}=400$ μA
	输出低电平	V_{oL}	＜0.3	V	$V_{CC}=5$ V,输入端 $V_{in}=2.0$ V,$I_{oL}=12.8$ mA
	扇出系数	N_o	4～8	V	同 V_{oH} 和 V_{oL}
交流参数	平均传输延迟时间	t_{pd}	≤20	ns	$V_{CC}=5$ V,被测输入端输入信号: $V_{in}=3.0$ V,　$f=2$ MHz

三、实验设备与器件

(1) +5 V 直流电源。　(2) 逻辑电平开关。

(3) 逻辑电平显示器。　(4) 直流数字电压表。

(5) 直流电流毫安表。　(6) 直流电流微安表。

(7) 74LS20×2,1 kΩ,10 kΩ 电位器,200 Ω 电阻器(0.5 W)。

四、实验内容

在合适的位置选取一个 14*P* 插座,按定位标记插好 74LS20 集成块。

1. 验证 TTL 集成与非门 74LS20 的逻辑功能

按图 Ⅱ-1-7 接线,门的 4 个输入端接逻辑开关输出插口,以提供"0"与"1"电平信号,开关向上,输出逻辑"1",向下为逻辑"0"。门的输出端接由 LED 发光二极管组成的逻辑电平显示器(又称 0-1 指示器)的显示插口,LED 亮为逻辑"1",不亮为逻辑"0"。按表 Ⅱ-1-2 的真值表逐个测试集成块中两个与非门的逻辑功能。74LS20 有 4 个输入端,有 16 个最小项,在实际测试时,只要通过对输入 1111,0111,1011,1101,1110 等 5 项进行检测就可判断其逻辑功能是否正常。

表 Ⅱ-1-2

输 入				输出	
A_n	B_n	C_n	D_n	Y_1	Y_2
1	1	1	1		
0	1	1	1		
1	0	1	1		
1	1	0	1		
1	1	1	0		

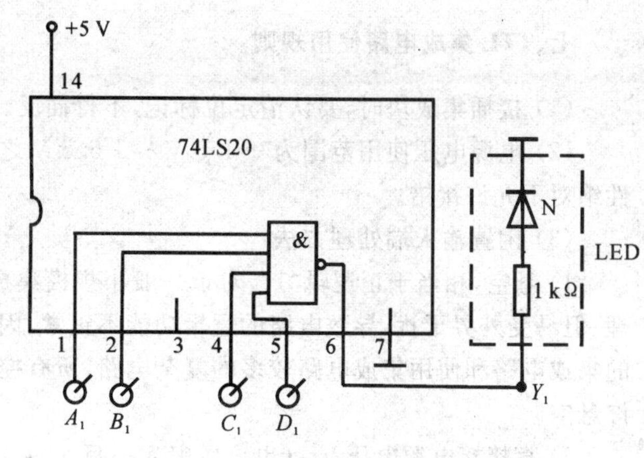

图 Ⅱ-1-7　与非门逻辑功能测试电路

2. 74LS20 主要参数的测试

(1) 分别按图 Ⅱ-1-2，图 Ⅱ-1-3，图 Ⅱ-1-5 接线并进行测试，将测试结果记入表 Ⅱ-1-3 中。

表 Ⅱ-1-3

$\frac{I_{CCL}}{mA}$	$\frac{I_{CCH}}{mA}$	$\frac{I_{iL}}{mA}$	$\frac{I_{oL}}{mA}$	$N_o=\frac{I_{oL}}{I_{iL}}$	$t_{pd}=\frac{T}{6}$ ns

(2) 按图 Ⅱ-1-4 接线，调节电位器 R_W，使 v_i 从 0 V 向高电平变化，逐点测量 v_i 和 v_o 的对应值，记入表 Ⅱ-1-4 中。

表 Ⅱ-1-4

V_i/V	0	0.2	0.4	0.6	0.8	1.0	1.5	2.0	2.5	3.0	3.5	4.0	…
V_o/V													

五、实验报告

(1) 记录、整理实验结果，并对结果进行分析。

(2) 画出实测的电压传输特性曲线，并从中读出各有关参数值。

六、集成电路芯片简介

数字电路实验中所用到的集成芯片都是双列直插式的，其引脚排列规则如图 Ⅱ-1-1 所示。识别方法是：正对集成电路型号（如 74LS20）或看标记（左边的缺口或小圆点标记），从左下角开始按逆时针方向以 1，2，3，… 依次排列到最后一脚（在左上角）。在标准形 TTL 集成电路中，电源端 V_{CC} 一般排在左上端，接地端 GND 一般排在右下端。如 74LS20 为 14 脚芯片，14 脚为 V_{CC}，7 脚为 GND。若集成芯片引脚上的功能标号为 NC，则表示该引脚为空脚，与内部电路不连接。

七、TTL集成电路使用规则

(1) 接插集成块时，要认清定位标记，不得插反。

(2) 电源电压使用范围为 $+4.5\ V \sim +5.5\ V$ 之间，实验中要求使用 $V_{CC}=+5\ V$。电源极性绝对不允许接错。

(3) 闲置输入端处理方法：

1) 悬空，相当于正逻辑“1”，对于一般小规模集成电路的数据输入端，实验时允许悬空处理。但易受外界干扰，导致电路的逻辑功能不正常。因此，对于接有长线的输入端，中规模以上的集成电路和使用集成电路较多的复杂电路，所有控制输入端必须按逻辑要求接入电路，不允许悬空。

2) 直接接电源电压 V_{CC}（也可以串入一只 $1 \sim 10\ k\Omega$ 的固定电阻）或接至某一固定电压 $(+2.4 \leqslant V \leqslant 4.5\ V)$ 的电源上，或与输入端为接地的多余与非门的输出端相接。

3) 若前级驱动能力允许，可以与使用的输入端并联。

(4) 输入端通过电阻接地，电阻值的大小将直接影响电路所处的状态。当 $R \leqslant 680\ \Omega$ 时，输入端相当于逻辑“0”；当 $R \geqslant 4.7\ k\Omega$ 时，输入端相当于逻辑“1”。对于不同系列的器件，要求的阻值不同。

(5) 输出端不允许并联使用（集电极开路门(OC)和三态输出门电路(3S)除外）。否则不仅会使电路逻辑功能混乱，并会导致器件损坏。

(6) 输出端不允许直接接地或直接接 $+5\ V$ 电源，否则将损坏器件，有时为了使后级电路获得较高的输出电平，允许输出端通过电阻 R 接至 V_{CC}，一般取 $R = 3 \sim 5.1\ k\Omega$。

实验二　TTL 集电极开路门与三态输出门的应用

一、实验目的

掌握 TTL 集成电极开路门与三态输出门的应用。

二、实验内容

数字系统中有时需要把两个或两个以上集成逻辑门的输出端直接并接在一起完成一定的逻辑功能。对于普通的 TTL 门电路，由于输出级采用了推拉式输出电路，无论输出是高电平还是低电平，输出阻抗都很低。因此，通常不允许将它们的输出端并接在一起使用。

集电极开路门和三态输出门是两种特殊的 TTL 门电路，它们允许把输出端直接并接在一起使用。

1. TTL 集电极开路门（OC 门）

本实验所用 OC 与非门型号为二输入四与非门 74LS03，内部逻辑图及引脚排列如附图Ⅱ-2-1所示。OC 与非门的输出管 T_3 是悬空的，工作时，输出端必须通过一只外接电阻 R_L 和电源 E_C 相连接，以保证输出电平符合电路要求。

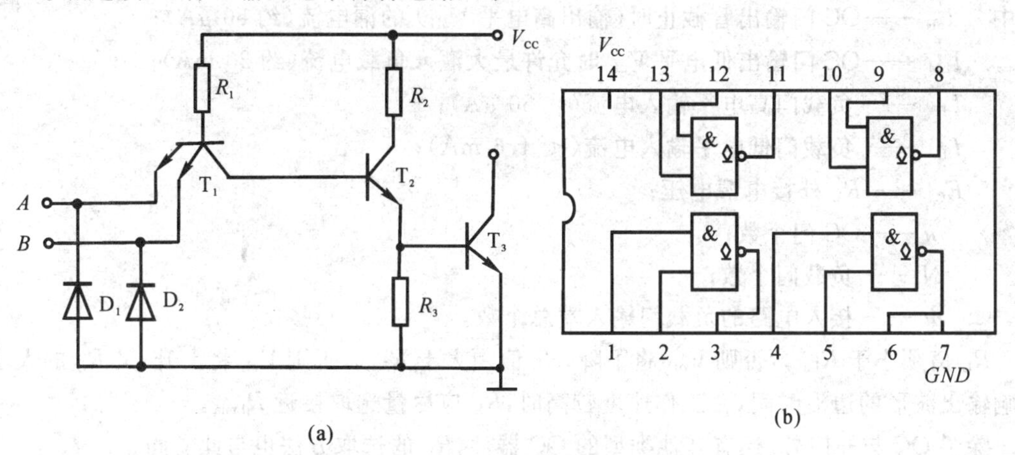

图Ⅱ-2-1　74LS03 内部结构及引脚排列

(1) OC 门的应用主要有下述三个方面：

1) 利用电路的“线与”特性方便地完成某些特定的逻辑功能。如图Ⅱ-2-2所示，将两个 OC 与非门输出端直接并接在一起，则它们的输出

$$F = F_A \cdot F_B = \overline{A_1 \cdot A_2} = \overline{B_1 B_2} = \overline{A_1 A_2 + B_1 B_2}$$

即把两个(或两个以上)OC 与非门“线与”可完成“与或非”的逻辑功能。

2) 实现多路信息采集，使两路以上的信息共用一个传输通道(总线)。

3) 实现逻辑电平的转换，以推动荧光数码管、继电器、MOS 器件等多种数字集成电路。

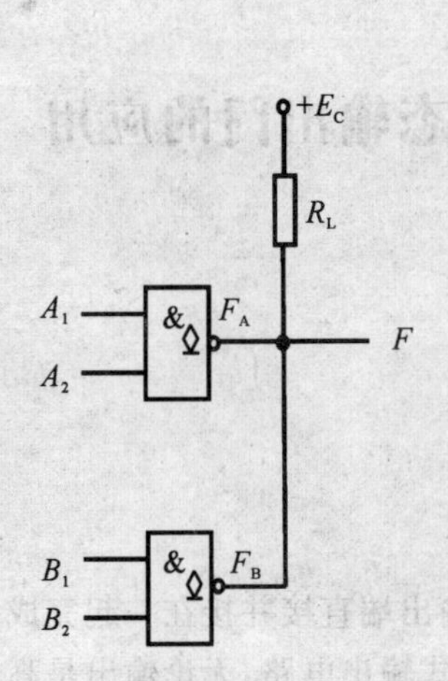

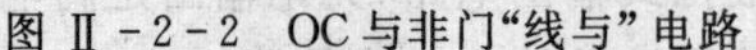
图 Ⅱ-2-2　OC与非门“线与”电路

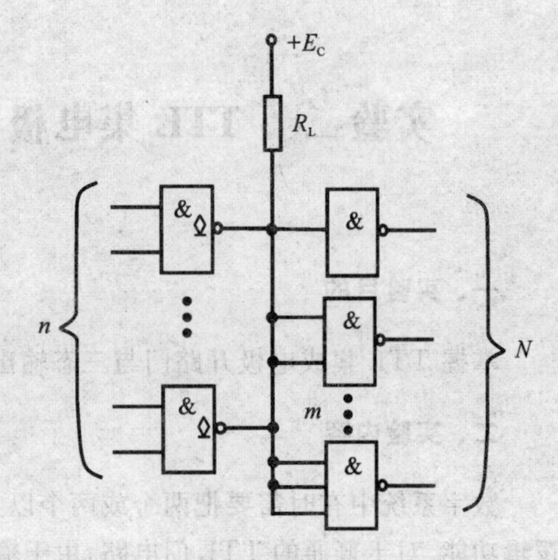

图 Ⅱ-2-3　OC与非门负载电阻 R_L 的确定

(2) OC门输出并联运用时负载电阻 R_L 的选择。如图 Ⅱ-2-3 所示电路由 n 个 OC 与非门“线与”驱动有 m 个输入端的 N 个 TTL 与非门，为保证 OC 与非门输出电平符合逻辑要求，负载电阻 R_L 阻值的选择范围为

$$R_{Lmax}=\frac{E_C-V_{oH}}{nI_{oH}+mI_{iH}},\quad R_{Lmin}=\frac{E_C-V_{oL}}{I_{LM}+NI_{iL}}$$

式中　I_{oH} ——OC门输出管截止时(输出高电平 V_{oH})的漏电流(约 50 μA)；

I_{LM} ——OC门输出低电平 V_{oL} 时允许最大灌入负载电流(约 20 mA)；

I_{iH} —— 负载门高电平输入电流($<$50 μA)；

I_{iL} —— 负载门低电平输入电流($<$1.6 mA)；

E_C ——R_L 外接电源电压；

n——OC门个数；

N—— 负载门个数；

m —— 接入电路的负载门输入端总个数。

R_L 值须小于 R_{Lmax}，否则 V_{oH} 将下降，R_L 值须大于 R_{Lmin}，否则 V_{oL} 将上升，又 R_L 的大小会影响输出波形的边沿时间，在工作速度较高时，R_L 应尽量选取接近 R_{Lmin}。

除了 OC 与非门外，还有其他类型的 OC 器件，R_L 的选取方法也与此类同。

2. TTL 三态输出门(3S 门)

TTL 三态输出门是一种特殊的门电路，它与普通的 TTL 门电路结构不同，它的输出端除了通常的高电平、低电平两种状态外(这两种状态均为低阻状态)，还有第三种输出状态——高阻状态，处于高阻状态时，电路与负载之间相当于开路。三态输出门按逻辑功能及控制方式来分有各种不同类型，本实验所用三态门的型号是 74LS125 三态输出四总线缓冲器，如图 Ⅱ-2-4(a) 所示是三态输出四总线缓冲器的逻辑符号，它有一个控制端(又称禁止端或使能端)，$\bar{E}$，$\bar{E}=0$ 为常工作状态，实现 $Y=A$ 的逻辑功能；$\bar{E}=1$ 为禁止状态，输出 Y 呈现高阻状态。这种在控制端加低电平时电路才能正常工作的工作方式称低电平使能。

图 Ⅱ-2-4(b) 为 74LS125 引脚排列图，表 Ⅱ-2-1 为功能表。

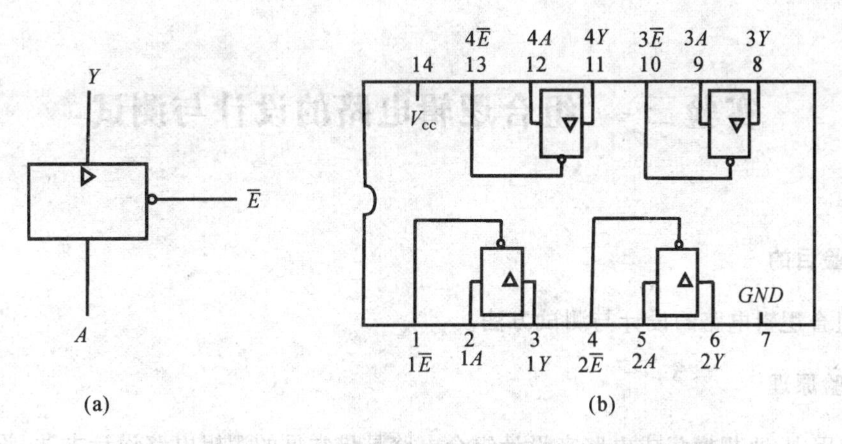

图 Ⅱ－2－4　74LS125 三态四总线缓冲器逻辑符号及引脚排列

三态电路主要用途之一是实现总线传输，即用一个传输通道(称总线)，以选通方式传送多路信息。如图 Ⅱ－2－5 所示，电路中把若干个三态 TTL 电路输出端直接连接在一起构成三态门总线，使用时，要求只有需要传输信息的三态控制端处于使能态($\overline{E}=0$)，其余各门皆处于禁止状态($\overline{E}=1$)。由于三态门输出电路结构与普通 TTL 电路相同，显然，若同时有两个或两个以上三态门的控制端处于使能态，将出现与普通 TTL 门“线与”运用时同样的问题，因而是绝对不允许的。

表 Ⅱ－2－1

输入	输出	
$\overline{E}$	A	Y
0	0	0
	1	1
1	0	高阻态
	1	

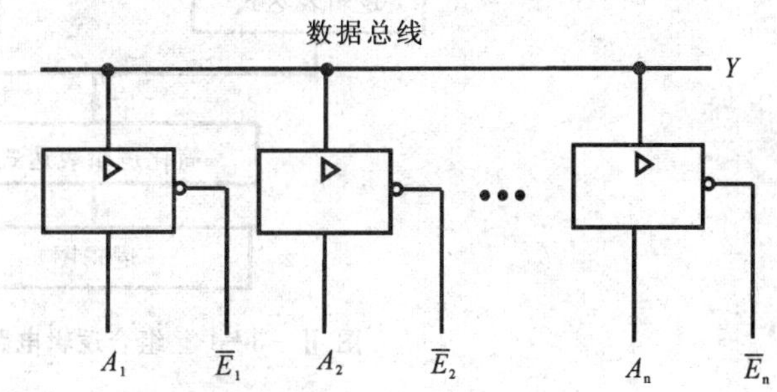

图 Ⅱ－2－5　三态输出门实现总线传输

实验三　组合逻辑电路的设计与测试

一、实验目的

掌握组合逻辑电路的设计与测试方法。

二、实验原理

(1) 使用中、小规模集成电路来设计组合电路是最常见的逻辑电路设计方法。设计组合电路的一般步骤如图 Ⅱ-3-1 所示。

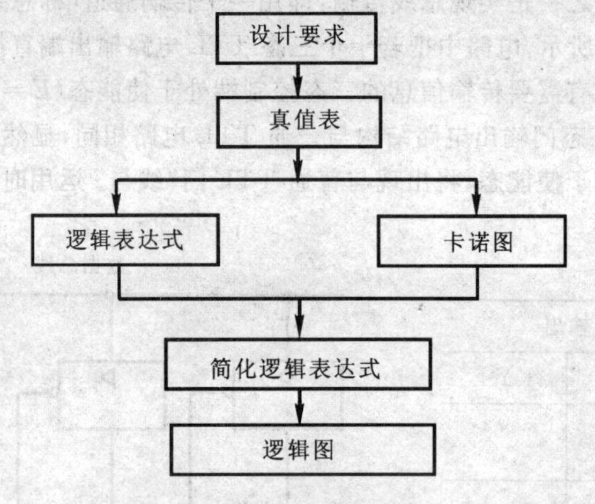

图 Ⅱ-3-1　组合逻辑电路设计流程图

根据设计任务的要求建立输入、输出变量，并列出真值表。然后用逻辑代数或卡诺图化简法求出简化的逻辑表达式。并按实际选用逻辑门的类型修改逻辑表达式。根据简化后的逻辑表达式，画出逻辑图，用标准器件构成逻辑电路。最后，用实验来验证设计的正确性。

(2) 组合逻辑电路设计举例。用"与非"门设计一个表决电路。当四个输入端中有 3 个或 4 个为"1"时，输出端才为"1"。

设计步骤：根据题意列出真值表如表 Ⅱ-3-1 所示，再填入卡诺图表 Ⅱ-3-2 中。

表 Ⅱ-3-1

D	0	0	0	0	0	0	0	0	1	1	1	1	1	1	1	1
A	0	0	0	0	1	1	1	1	0	0	0	0	1	1	1	1
B	0	0	1	1	0	0	1	1	0	0	1	1	0	0	1	1
C	0	1	0	1	0	1	0	1	0	1	0	1	0	1	0	1
Z	0	0	0	0	0	0	0	1	0	0	0	1	0	1	1	1

表 Ⅱ-3-2

BC \ DA	00	01	11	10
00				
01			1	
11		1	1	1
10			1	

由卡诺图得出逻辑表达式，并演化成“与非”的形式

$$Z = ABC + BCD + ACD + ABD = \overline{\overline{ABC} \cdot \overline{BCD} \cdot \overline{ACD} \cdot \overline{ABC}}$$

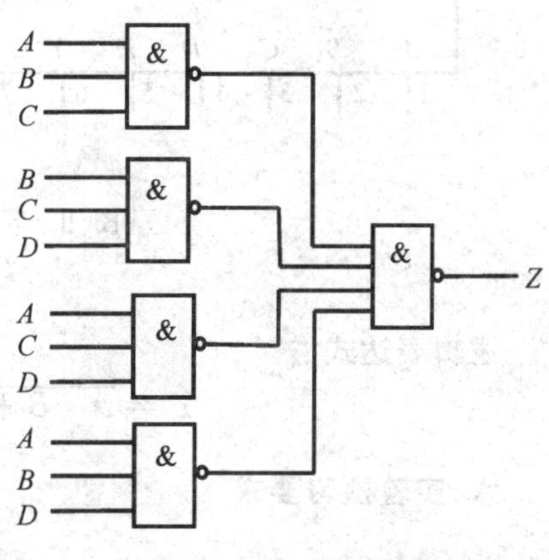

图 Ⅱ-3-2　表决电路逻辑图

根据逻辑表达式画出用“与非门”构成的逻辑电路如图Ⅱ-3-2所示。

用实验验证逻辑功能：在实验装置适当位置选定三个14P插座，按照集成块定位标记插好集成块CC4012。

按图Ⅱ-3-2接线，输入端 A，B，C，D 接至逻辑开关输出插口，输出端 Z 接逻辑电平显示输入插口，按真值表（自拟）要求，逐次改变输入变量，测量相应的输出值，验证逻辑功能，与表Ⅱ-3-1进行比较，验证所设计的逻辑电路是否符合要求。

三、实验设备与器件

(1) +5 V 直流电源。　　(2) 逻辑电平开关。

(3) 逻辑电平显示器。　　(4) 直流数字电压表。

(5) CC4011×2(74LS00)，　CC4012×3(74LS20)，　CC4030(74LS86)，
CC4081(74LS08)，　74LS54×2(CC4085)，　CC4001 (74LS02)。

四、实验内容

(1) 设计用与非门及用异或门、与门组成的半加器电路。

要求按本文所述的设计步骤进行，直到测试电路逻辑功能符合设计要求为止。

(2) 设计一个一位全加器，要求用异或门、与门、或门组成。

(3) 设计一位全加器，要求用与或非门实现。

(4) 设计一个对两个两位无符号的二进制数进行比较的电路；根据第一个数是否大于、等于、小于第二个数，使相应的三个输出端中的一个输出为“1”，要求用与门、与非门及或非门实现。

五、实验报告

(1) 列写实验任务的设计过程，画出设计的电路图。

(2) 对所设计的电路进行实验测试，记录测试结果。

(3) 对组合电路设计体会作一小结。

注：四路 2－3－3－2 输入与或非门 74LS54，引脚排列和逻辑图如图 Ⅱ－3－3 所示。

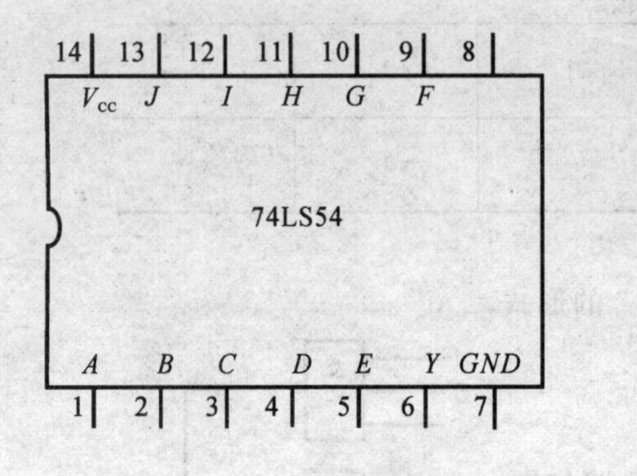

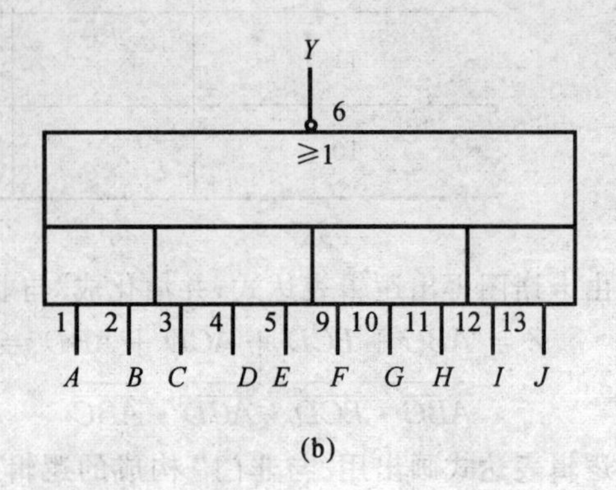

图 Ⅱ－3－3 74LS54 引脚排列及逻辑图

(a) 引脚排列； (b) 逻辑图

逻辑表达式

$$Y=\overline{A\cdot B+C\cdot D+E+F\cdot G\cdot H+I\cdot J}$$

六、实验预习要求

(1) 根据实验任务要求设计组合电路，并根据所给的标准器件画出逻辑图。

(2) 如何用最简单的方法验证“与或非”门的逻辑功能是否完好？

(3) “与或非”门中，当某一组与端不用时，应作如何处理？

实验四　译码器及其应用

一、实验目的

(1) 掌握中规模集成译码器的逻辑功能和使用方法。

(2) 熟悉数码管的使用。

二、实验原理

译码器是一个多输入、多输出的组合逻辑电路。它的作用是把给定的代码进行“翻译”，变成相应的状态，使输出通道中相应的一路有信号输出。译码器在数字系统中有广泛的用途，不仅用于代码的转换、终端的数字显示，还用于数据分配，存储器寻址和组合控制信号等。不同的功能可选用不同种类的译码器。

译码器可分为通用译码器和显示译码器两大类。前者又分为变量译码器和代码变换译码器。

1. 变量译码器

变量译码器(又称二进制译码器)，用以表示输入变量的状态，如2线－4线、3线－8线和4线－16线译码器。若有n个输入变量，则有2^n个不同的组合状态，就有2^n个输出端供其使用。而每一个输出所代表的函数对应于n个输入变量的最小项。

以3线－8线译码器74LS138为例进行分析，图Ⅱ-4-1(a)，(b)分别为其逻辑图及引脚排列。其中A_2，A_1，A_0为地址输入端，$\overline{Y}_0 \sim \overline{Y}_7$为译码输出端，$S_1$，$\overline{S}_2$，$\overline{S}_3$为使能端。74LS138功能表见表Ⅱ-4-1。

表Ⅱ-4-1

输入					输出							
S_1	$\overline{S}_2+\overline{S}_3$	A_2	A_1	A_0	$\overline{Y}_0$	$\overline{Y}_1$	$\overline{Y}_2$	$\overline{Y}_3$	$\overline{Y}_4$	$\overline{Y}_5$	$\overline{Y}_6$	$\overline{Y}_7$
1	0	0	0	0	0	1	1	1	1	1	1	1
1	0	0	0	1	1	0	1	1	1	1	1	1
1	0	0	1	0	1	1	0	1	1	1	1	1
1	0	0	1	1	1	1	1	0	1	1	1	1
1	0	1	0	0	1	1	1	1	0	1	1	1
1	0	1	0	1	1	1	1	1	1	0	1	1
1	0	1	1	0	1	1	1	1	1	1	0	1
1	0	1	1	1	1	1	1	1	1	1	1	0
0	×	×	×	×	1	1	1	1	1	1	1	1
×	1	×	×	×	1	1	1	1	1	1	1	1

当 $S_1 = 1, \overline{S}_2 + \overline{S}_2 = 0$ 时，器件使能，地址码所指定的输出端有信号(为 0) 输出，其他所有输出端均无信号(全为 1) 输出。当 $S_1 = 0, \overline{S}_2 + \overline{S}_3 = X$ 时，或 $S_1 = X, \overline{S}_2 + \overline{S}_3 = 1$ 时，译码器被禁止，所有输出同时为 1。

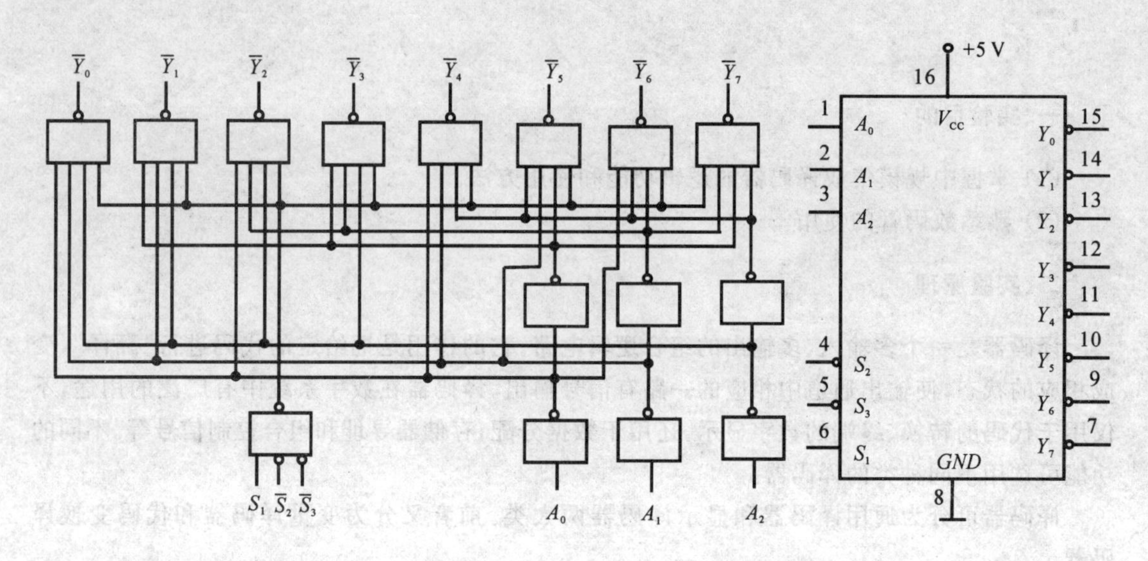

图 Ⅱ-4-1　3 线 —8 线译码器 74LS138 逻辑图及引脚排列

二进制译码器实际上也是负脉冲输出的脉冲分配器。若利用使能端中的一个输入端输入数据信息，器件就成为一个数据分配器(又称多路分配器)，如图 Ⅱ-4-2 所示。若在 S_1 输入端输入数据信息，$\overline{S}_2 = \overline{S}_3 = 0$，地址码所对应的输出是 S_1 数据信息的反码；若从 $\overline{S}_2$ 端输入数据信息，令 $S_1 = 1$、$\overline{S}_3 = 0$，地址码所对应的输出就是 $\overline{S}_2$ 端数据信息的原码。若数据信息是时钟脉冲，则数据分配器便成为时钟脉冲分配器。

根据输入地址的不同组合译出唯一地址，故可用作地址译码器。接成多路分配器，可将一个信号源的数据信息传输到不同的地点。

二进制译码器还能方便地实现逻辑函数，如图 Ⅱ-4-3 所示，实现的逻辑函数为

$$Z = \overline{ABC} + \overline{A}B\overline{C} + A\,\overline{BC} + ABC$$

利用使能端能方便地将两个 3 线 —8 线译码器组合成一个 4 线 —16 线译码器，如图 Ⅱ-4-4 所示。

2. 数码显示译码器

(1) 七段发光二极管(LED) 数码管。LED 数码管是目前最常用的数字显示器，图 Ⅱ-4-5(a)，(b) 为共阴管和共阳管的电路，(c) 为两种不同出线形式的引出脚功能图。

一个 LED 数码管可用来显示一位 0 ～ 9 十进制数和一个小数点。小型数码管(0.5 寸和 0.36 寸) 每段发光二极管的正向压降，随显示光(通常为红、绿、黄、橙色) 的颜色不同略有差别，通常约为 2 ～ 2.5 V，每个发光二极管的点亮电流在 5 ～ 10 mA。LED 数码管要显示 BCD 码所表示的十进制数字就需要有一个专门的译码器，该译码器不但要完成译码功能，还要有相当的驱动能力。

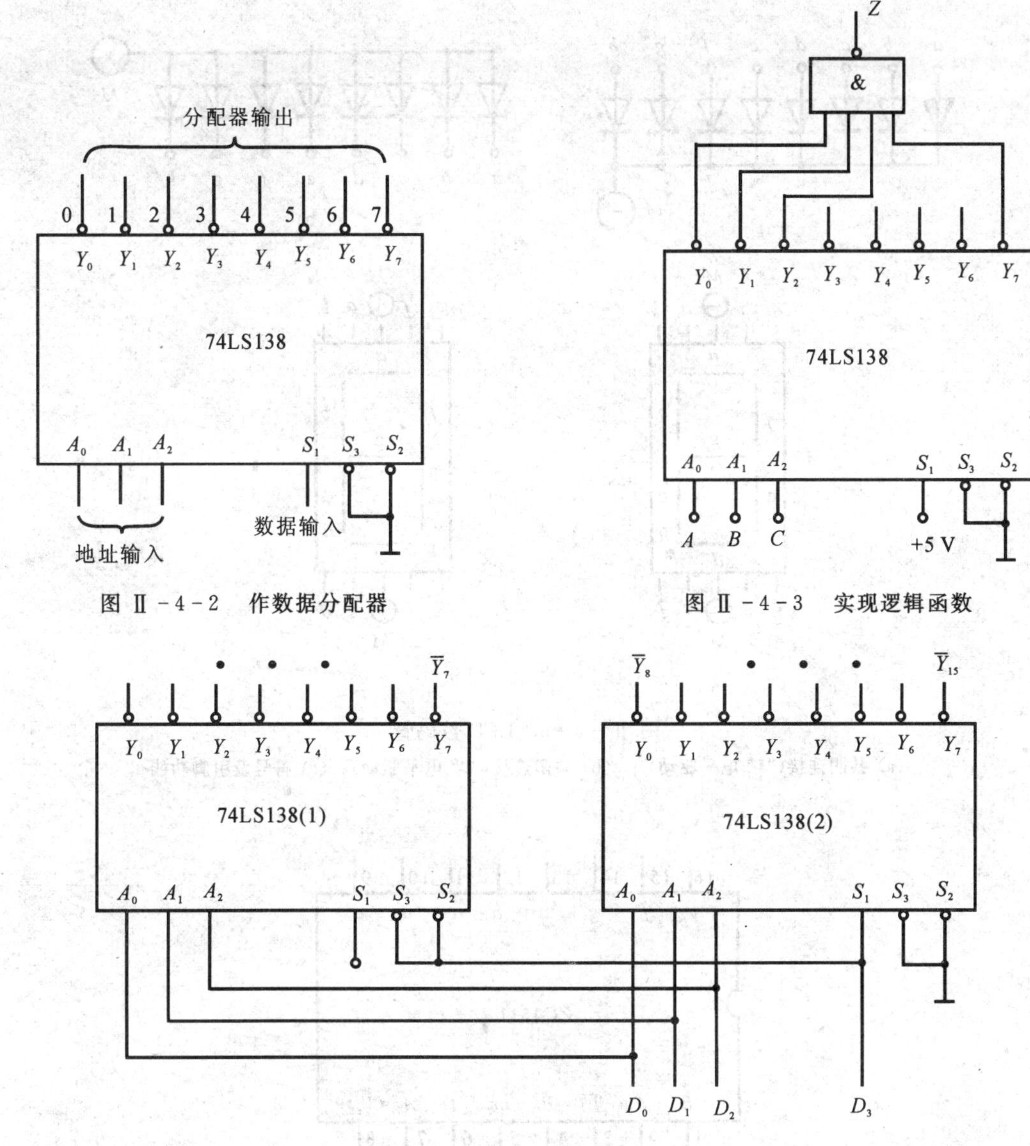

图 Ⅱ-4-2　作数据分配器

图 Ⅱ-4-3　实现逻辑函数

图 Ⅱ-4-4　用两片 74LS138 组合成 4 线—16 线译码器

(2) BCD 码七段译码驱动器。此类译码器型号有 74LS47(共阳)，74LS48(共阴)，CC4511(共阴)等，本实验系采用CC4511 BCD码锁存 / 七段译码 / 驱动器。驱动共阴极LED数码管。

图 Ⅱ-4-6 所示为 CC4511 引脚排列

其中　　A,B,C,D ——BCD 码输入端；

a,b,c,d,e,f,g —— 译码输出端，输出“1”有效，用来驱动共阴极 LED 数码管；

$\overline{LT}$ —— 测试输入端，$\overline{LT}$ = “0”时，译码输出全为“1”；

$\overline{BI}$ —— 消隐输入端，$\overline{BI}$ = “0”时，译码输出全为“0”；

LE —— 锁定端，LE = “1”时译码器处于锁定(保持)状态，译码输出保持在 $LE = 0$ 时的数值，$LE = 0$ 为正常译码。

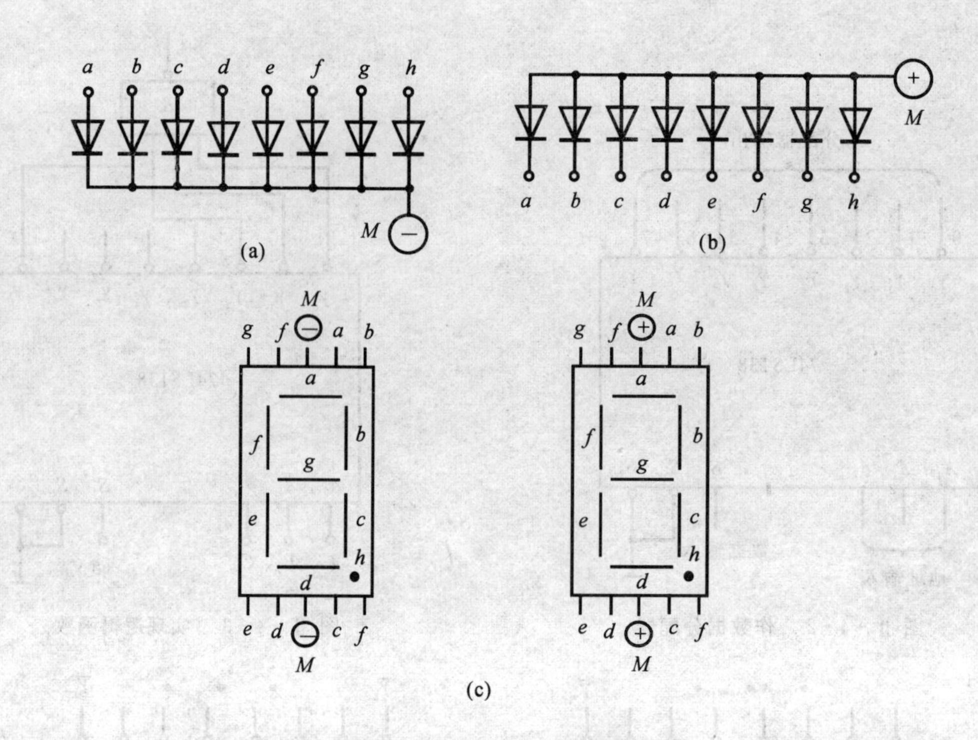

图 Ⅱ-4-5 LED数码管

(a) 共阴连接("1"电平驱动)；(b) 共阳连接("0"电平驱动)；(c) 符号及引脚功能

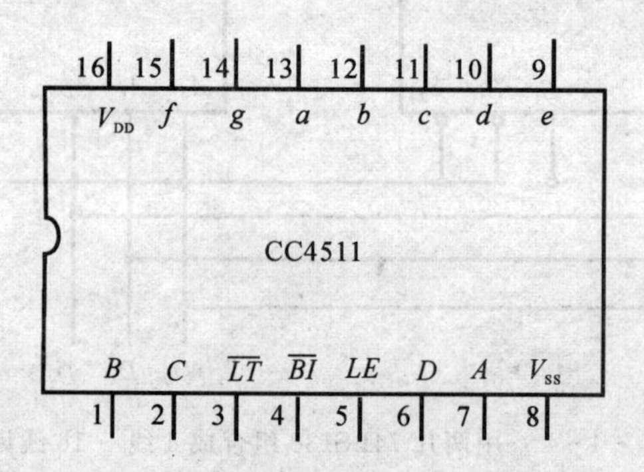

图 Ⅱ-4-6 CC4511引脚排列

表 Ⅱ-4-2为CC4511功能表。CC4511内接有上拉电阻，故只需在输出端与数码管笔段之间串入限流电阻即可工作。译码器还有拒伪码功能，当输入码超过1001时，输出全为"0"，数码管熄灭。

在本数字电路实验装置上已完成了译码器CC4511和数码管BS202之间的连接。实验时，只要接通+5 V电源和将十进制数的BCD码接至译码器的相应输入端 A，B，C，D 即可显示0～9的数字。四位数码管可接受四组BCD码输入。CC4511与LED数码管的连接如图 Ⅱ-4-7所示。

表 Ⅱ-4-2

输入							输出							
LE	$\overline{BI}$	$\overline{LT}$	*D*	*C*	*B*	*A*	*a*	*b*	*c*	*d*	*e*	*f*	*g*	显示字形
×	×	0	×	×	×	×	1	1	1	1	1	1	1	8
×	0	1	×	×	×	×	0	0	0	0	0	0	0	消隐
0	1	1	0	0	0	0	1	1	1	1	1	1	0	0
0	1	1	0	0	0	1	0	1	1	0	0	0	0	1
0	1	1	0	0	1	0	1	1	0	1	1	0	1	2
0	1	1	0	0	1	1	1	1	1	1	0	0	1	3
0	1	1	0	1	0	0	0	1	1	0	0	1	1	4
0	1	1	0	1	0	1	1	0	1	1	0	1	1	5
0	1	1	0	1	1	0	0	0	1	1	1	1	1	6
0	1	1	0	1	1	1	1	1	1	0	0	0	0	7
0	1	1	1	0	0	0	1	1	1	1	1	1	1	8
0	1	1	1	0	0	1	1	1	1	0	0	1	1	9
0	1	1	1	0	1	0	0	0	0	0	0	0	0	消隐
0	1	1	1	0	1	1	0	0	0	0	0	0	0	消隐
0	1	1	1	1	0	0	0	0	0	0	0	0	0	消隐
0	1	1	1	1	0	1	0	0	0	0	0	0	0	消隐
0	1	1	1	1	1	0	0	0	0	0	0	0	0	消隐
0	1	1	1	1	1	1	0	0	0	0	0	0	0	消隐
1	1	1	×	×	×	×	锁存							锁存

三、实验设备与器件

(1) +5 V 直流电源。 (2) 双踪示波器。

(3) 连续脉冲源。 (4) 逻辑电平开关。

(5) 逻辑电平显示器。 (6) 拨码开关组。

(7) 译码显示器。 (8) 74LS138×2，CC4511。

四、实验内容

1. 数据拨码开关的使用

将实验装置上的 4 组拨码开关的输出 A_i，B_i，C_i，D_i 分别接至 4 组显示译码/驱动器 CC4511 的对应输入口，*LE*，$\overline{BI}$，$\overline{LT}$ 接至三个逻辑开关的输出插口，接上+5 V显示器的电源，然后按功能表 Ⅱ-4-2 输入的要求揿动四个数码的增减键（“+”与“-”键）和操作与 *LE*，$\overline{BI}$，

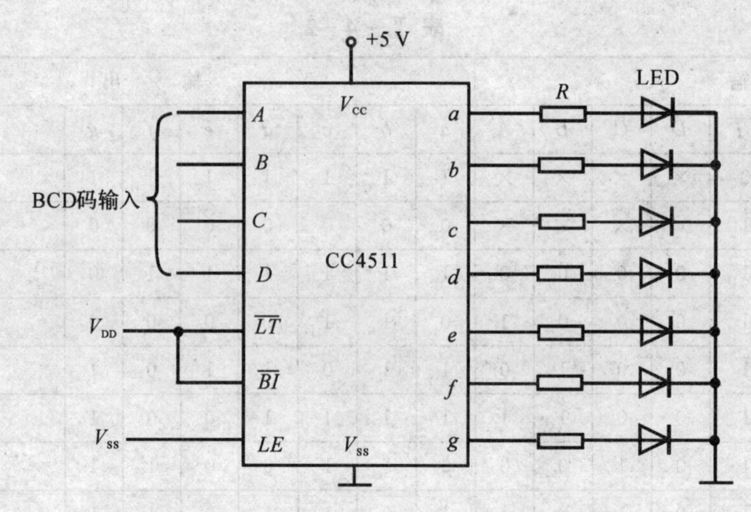

图Ⅱ-4-7　CC4511驱动一位LED数码管

$\overline{LT}$ 对应的三个逻辑开关，观测拨码盘上的四位数与LED数码管显示的对应数字是否一致，及译码显示是否正常。

2. 74LS138 译码器逻辑功能测试

将译码器使能端 S_1，$\overline{S}_2$，$\overline{S}_3$ 及地址端 A_2，A_1，A_0 分别接至逻辑电平开关输出口，8 个输出端 $\overline{Y}_7$，…，$\overline{Y}_9$ 依次连接在逻辑电平显示器的 8 个输入口上，拨动逻辑电平开关，按表Ⅱ-4-1逐项测试 74LS138 的逻辑功能。

3. 用 74LS138 构成时序脉冲分配器

参照图Ⅱ-4-2和实验原理说明，时钟脉冲 CP 频率约为 10 kHz，要求分配器输出端 $\overline{Y}_0 \cdots \overline{Y}_1$ 的信号与 CP 输入信号同相。

画出分配器的实验电路，用示波器观察和记录在地址端 A_2，A_1，A_0 分别取 000～111 8 种不同状态时 $\overline{Y}_0 \cdots \overline{Y}_1$ 端的输出波形，注意输出波形与 CP 输入波形之间的相位关系。

用两片 74LS138 组合成一个 4 线—16 线译码器，并进行实验。

五、实验报告

(1) 画出实验线路，把观察到的波形画在坐标纸上，并标上对应的地址码。

(2) 对实验结果进行分析、讨论。

六、实验预习要求

(1) 复习有关译码器和分配器的原理。

(2) 根据实验任务，画出所需的实验线路及记录表格。

实验五　数据选择器及其应用

一、实验目的

(1) 掌握中规模集成数据选择器的逻辑功能及使用方法。

(2) 学习用数据选择器构成组合逻辑电路的方法。

二、实验原理

数据选择器又叫“多路开关”。数据选择器在地址码(或叫选择控制) 电位的控制下,从几个数据输入中选择一个并将其送到一个公共的输出端。数据选择器的功能类似一个多掷开关,如图 Ⅱ -5-1 所示,图中有四路数据 $D_0 \sim D_3$,通过选择控制信号 A_1,A_0(地址码) 从四路数据中选中某一路数据送至输出端 Q。

数据选择器为目前逻辑设计中应用十分广泛的逻辑部件,它有2选1,4选1,8选1,16选1等类别。

数据选择器的电路结构一般由与或门阵列组成,也有用传输门开关和门电路混合而成的。

1. 8 选 1 数据选择器 74LS151

74LS151 为互补输出的 8 选 1 数据选择器,引脚排列如图 Ⅱ -5-2,功能如表 Ⅱ -5-1。

选择控制端(地址端) 为 $A_2 \sim A_0$,按二进制译码,从 8 个输入数据 $D_0 \sim D_7$ 中,选择一个需要的数据送到输出端 Q,$\overline{S}$ 为使能端,低电平有效。

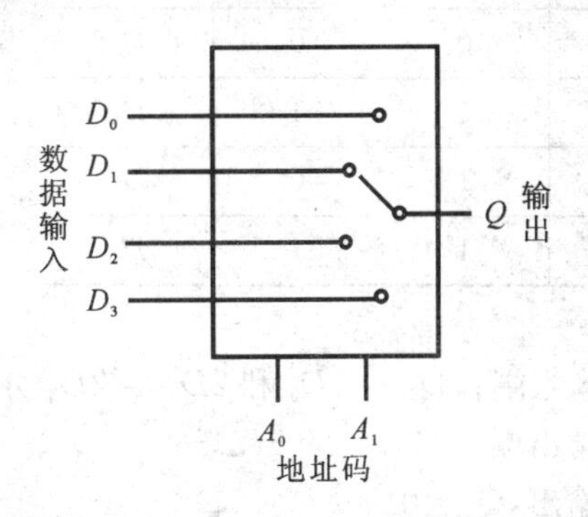

图 Ⅱ -5-1　4 选 1 数据选择器示意

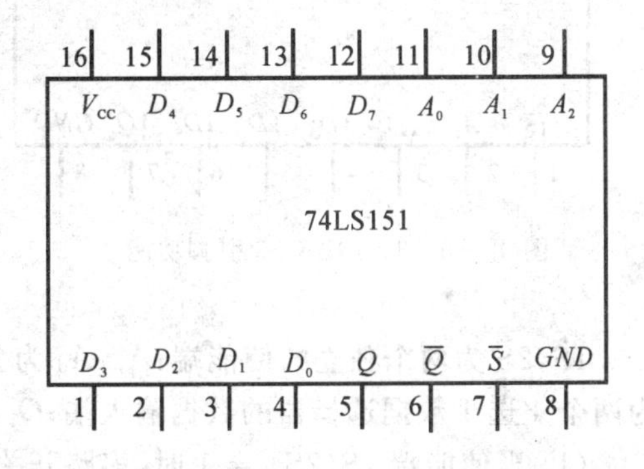

图 Ⅱ -5-2　74LS151 引脚排列

(1) 当使能端 $\overline{S} = 1$ 时,不论 $A_2 \sim A_0$ 状态如何,均无输出($Q = 0$,$\overline{Q} = 1$),多路开关被禁止。

(2) 当使能端 $\overline{S} = 0$ 时,多路开关正常工作,根据地址码 A_2,A_1,A_0 的状态选择 $D_0 \sim D_7$ 中某一个通道的数据输送到输出端 Q。

例:$A_2A_1A_0 = 000$,则选择 D_0 数据到输出端,即 $Q = D_0$。

例:$A_2A_1A_0 = 001$,则选择 D_1 数据到输出端,即 $Q = D_1$,其余类推。

表 Ⅱ-5-1

输入				输出	
$\overline{S}$	A_2	A_1	A_0	Q	$\overline{Q}$
1	×	×	×	0	1
0	0	0	0	D_0	$\overline{D}_0$
0	0	0	1	D_1	$\overline{D}_1$
0	0	1	0	D_2	$\overline{D}_2$
0	0	1	1	D_3	$\overline{D}_3$
0	1	0	0	D_4	$\overline{D}_4$
0	1	0	1	D_5	$\overline{D}_5$
0	1	1	0	D_6	$\overline{D}_6$
0	1	1	1	D_7	$\overline{D}_7$

2. 双 4 选 1 数据选择器 74LS153

所谓双 4 选 1 数据选择器就是在一块集成芯片上有两个 4 选 1 数据选择器。引脚排列如图 Ⅱ-5-3 所示，功能如表 Ⅱ-5-2 所示。

16	15	14	13	12	11	10	9
V_{CC}	$2\overline{S}$	A_0	$2D_3$	$2D_2$	$2D_1$	$2D_0$	$2Q$
74LS53							
$1\overline{S}$	A_1	$1D_3$	$1D_2$	$1D_1$	$1D_0$	$1Q$	GND
1	2	3	4	5	6	7	8

图 Ⅱ-5-3　74LS153 引脚功能

表 Ⅱ-5-2

输入			输出
S	A_1	A_0	Q
1	×	×	0
0	0	0	D_0
0	0	1	D_1
0	1	0	D_2
0	1	1	D_3

$1\overline{S}$，$2\overline{S}$ 为两个独立的使能端；A_1，A_0 为公用的地址输入端；$1D_0 \sim 1D_3$ 和 $2D_0 \sim 2D_3$ 分别为两个 4 选 1 数据选择器的数据输入端；Q_1，Q_2 为两个输出端。

(1) 当使能端 $1\overline{S}(2\overline{S}) = 1$ 时，多路开关被禁止，无输出，$Q = 0$。

(2) 当使能端 $1\overline{S}(2\overline{S}) = 0$ 时，多路开关正常工作，根据地址码 A_1，A_0 的状态，将相应的数据 $D_0 \sim D_3$ 送到输出端 Q。

例：$A_1A_0 = 00$ 则选择 D_0 数据到输出端，即 $Q = D_0$。

$A_1A_0 = 01$ 则选择 D_1 数据到输出端，即 $Q = D_1$，其余类推。

数据选择器的用途很多，例如多通道传输，数码比较，并行码变串行码，以及实现逻辑函数等。

3. 数据选择器的应用——实现逻辑函数

例 1　用 8 选 1 数据选择器 74LS151 实现函数

$$F = A\overline{B} + \overline{A}C + B\overline{C}$$

采用8选1数据选择器74LS151可实现任意三输入变量的组合逻辑函数。

作出函数 F 的功能表，如表Ⅱ-5-3所示，将函数 F 功能表与8选1数据选择器的功能表相比较，可知：① 将输入变量 C,B,A 作为8选1数据选择器的地址码 A_2,A_1,A_0。② 使8选1数据选择器的各数据输入 $D_0 \sim D_7$ 分别与函数 F 的输出值一一相对应。即

$$A_2A_1A_0 = CBA$$

$$D_0 = D_7 = 0$$

$$D_1 = D_2 = D_3 = D_4 = D_5 = D_6 = 1$$

则8选1数据选择器的输出 Q 便实现了函数 $F = A\overline{B} + \overline{A}C + B\overline{C}$。接线图如图Ⅱ-5-4所示。

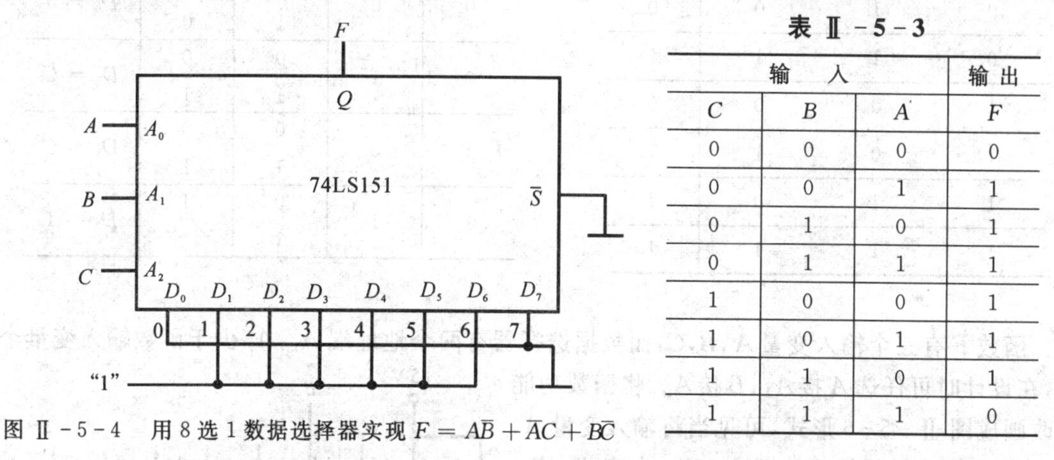

表Ⅱ-5-3

输入			输出
C	B	A	F
0	0	0	0
0	0	1	1
0	1	0	1
0	1	1	1
1	0	0	1
1	0	1	1
1	1	0	1
1	1	1	0

图Ⅱ-5-4　用8选1数据选择器实现 $F = A\overline{B} + \overline{A}C + B\overline{C}$

显然，采用具有 n 个地址端的数据选择实现 n 变量的逻辑函数时，应将函数的输入变量加到数据选择器的地址端 A，选择器的数据输入端 D 按次序以函数 F 输出值来赋值。

例2　用8选1数据选择器74LS151实现函数 $F = A\overline{B} + \overline{A}B$

(1) 列出函数 F 的功能表如表Ⅱ-5-4所示。

(2) 将 A、B 加到地址端 A_1,A_0，而 A_2 接地，由表Ⅱ-5-4可见，将 D_1,D_2 接"1"及 D_0,D_3 接地，其余数据输入端 $D_4 \sim D_7$ 都接地，则8选1数据选择器的输出 Q，便实现了函数 $F = A\overline{B} + B\overline{A}$。

接线图如图Ⅱ-5-5所示。

表Ⅱ-5-4

B	A	F
0	0	0
0	1	1
1	0	1
1	1	0

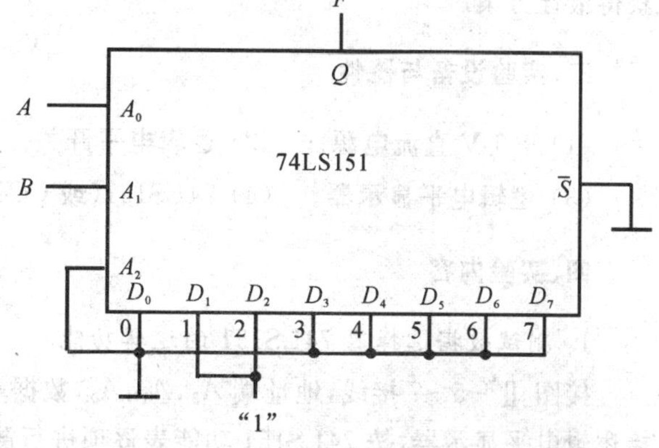

图Ⅱ-5-5　8选1数据选择器实现的接线图

显然，当函数输入变量数小于数据选择器的地址端A时，应将不用的地址端及不用的数据输入端D都接地。

例3 用4选1数据选择器74LS153实现函数$F=\overline{A}BC+A\overline{B}C+AB\overline{C}+ABC$。函数$F$的功能如表Ⅱ-5-5所示。

表Ⅱ-5-4

输　入			输出
0	0	0	0
0	0	1	0
0	1	0	0
0	1	1	1
1	0	0	0
1	0	1	1
1	1	0	1
1	1	1	1

表Ⅱ-5-6

输　入			输出	中选数据端
A	B	C	F	
0	0	0	0	$D_0=0$
		1	0	
0	1	0	0	$D_1=C$
		1	1	
1	0	0	0	$D_2=C$
		1	1	
1	1	0	1	$D_3=1$
		1	1	

函数F有三个输入变量A,B,C，而数据选择器有两个地址端A_1,A_0少于函数输入变量个数，在设计时可任选A接A_1，B接A_0。将函数功能表改画成图Ⅱ-5-6形式，可见当将输入变量A,B,C中B接选择器的地址端A_1,A_0，由表Ⅱ-5-6不难看出：$D_0=0,D_1=D_2=C,D_3=1$

则4选1数据选择器的输出，便实现了函数接线图如图Ⅱ-5-6所示。

当函数输入变量大于数据选择器地址端(A)时，可能随着选用函数输入变量作地址的方案不同，而使其设计结果不同，需对几种方案比较，以获得最佳方案。

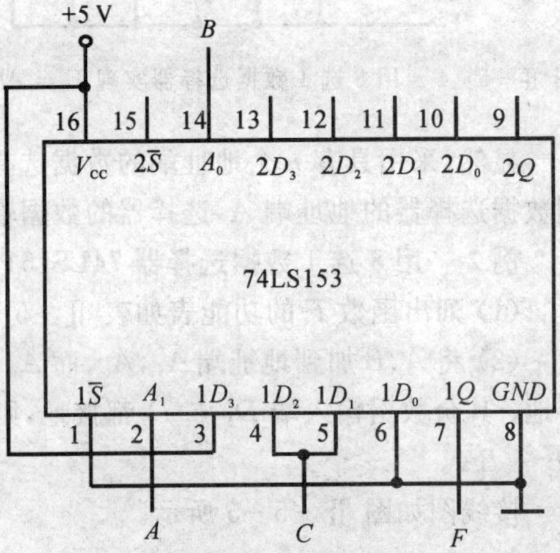

图Ⅱ-5-6　用选1数据选择器

三、实验设备与器件

(1) +5 V直流电源。 (2) 逻辑电平开关。

(3) 逻辑电平显示器。 (4) 74LS151(或CC4512)74LS153(或CC4539)。

四、实验内容

1. 测试数据选择器74LS151的逻辑功能

接图Ⅱ-5-7接线，地址端A_2,A_1,A_0，数据端$D_0\sim D_7$，使能端$\overline{S}$接逻辑开关，输出端Q接逻辑电平显示器，按74LS151功能表逐项进行测试，记录测试结果。

2. 测试74LS153的逻辑功能

测试方法及步骤同实验内容1，记录之。

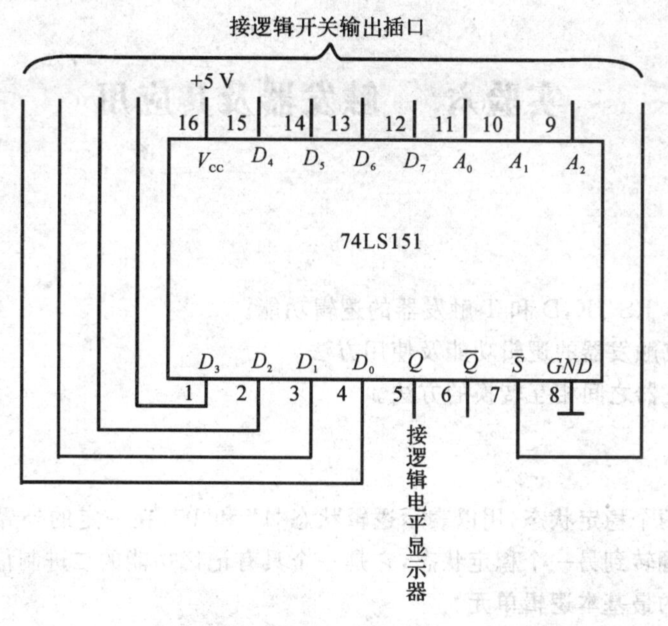

Ⅱ-5-7 74LS151 逻辑功能测试 $F(AB)=A\overline{B}+\overline{A}B+AB$

3. 用 8 选 1 数据选择器 74LS151 设计三输入多数表决电路

(1) 写出设计过程；

(2) 画出接线图；

(3) 验证逻辑功能。

4. 用 8 选 1 数据选择器实现逻辑函数

(1) 写出设计过程；

(2) 画出接线图；

(3) 验证逻辑功能。

5. 用双 4 选 1 数据选择器 74LS153 实现全加器

(1) 写出设计过程；

(2) 画出接线图；

(3) 验证逻辑功能。

五、实验报告

用数据选择器对实验内容进行设计，写出设计全过程，画出接线图，进行逻辑功能测试；总结实验收获、体会。

六、实验预习要求

(1) 复习数据选择器的工作原理。

(2) 用数据选择器对实验内容中各函数式进行预设计。

实验六　触发器及其应用

一、实验目的

(1) 掌握基本 RS,JK,D 和 T 触发器的逻辑功能。

(2) 掌握集成触发器的逻辑功能及使用方法。

(3) 熟悉触发器之间相互转换的方法。

二、实验原理

触发器具有两个稳定状态,用以表示逻辑状态“1”和“0”,在一定的外界信号作用下,可以从一个稳定状态翻转到另一个稳定状态,它是一个具有记忆功能的二进制信息存储器件,是构成各种时序电路的最基本逻辑单元。

1. 基本 *RS* 触发器

图 Ⅱ-6-1为由两个与非门交叉耦合构成的基本 *RS* 触发器,它是无时钟控制低电平直接触发的触发器。基本 *RS* 触发器具有置“0”、置“1”和“保持”三种功能。通常称 $\bar{S}$ 为置“1”端,因为 $\bar{S}=0(\bar{R}=1)$ 时触发器被置“1”;$\bar{R}$ 为置“0”端,因为 $\bar{R}=0(\bar{S}=1)$ 时触发器被置“0”,当 $\bar{S}=\bar{R}=1$ 时状态保持;$\bar{S}=\bar{R}=0$ 时,触发器状态不定,应避免此种情况发生,表 Ⅱ-6-1 为基本 *RS* 触发器的功能表。

基本 RS 触发器。也可以用两个“或非门”组成,此时为高电平触发有效。

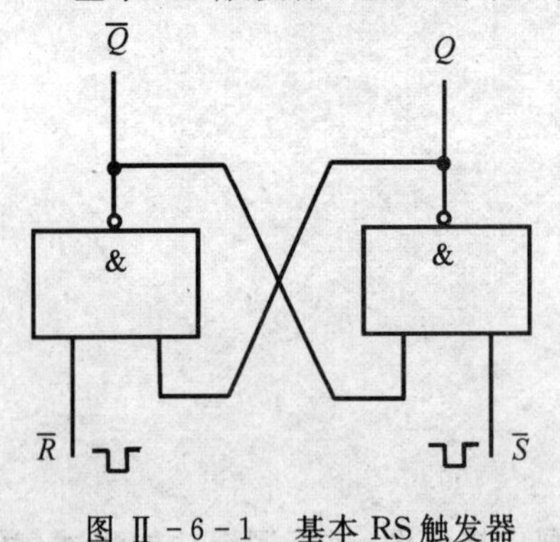

图 Ⅱ-6-1　基本 RS 触发器

表 Ⅱ-6-1

输入		输出	
$\bar{S}$	$\bar{R}$	Q^{n+1}	$\bar{Q}^{n+1}$
0	1	1	0
1	0	0	1
1	1	Q^n	$\bar{Q}^n$
0	0	φ	φ

2. JK 触发器

在输入信号为双端的情况下,JK 触发器是功能完善、使用灵活和通用性较强的一种触发器。本实验采用 74LS112 双 JK 触发器,是下降边沿触发的边沿触发器。引脚功能及逻辑符号如图 Ⅱ-6-2 所示。

JK 触发器的状态方程为　　$Q^{n+1}=J^n+\bar{K}Q^n$

J 和 *K* 是数据输入端,是触发器状态更新的依据,若 *J*、*K* 有两个或两个以上输入端时,组成“与”的关系。*Q*与为两个互补输出端。通常把 $Q=0,\bar{Q}=1$ 的状态定为触发器“0”状态;而把

$Q=1, \bar{Q}=0$ 定为"1" 状态。

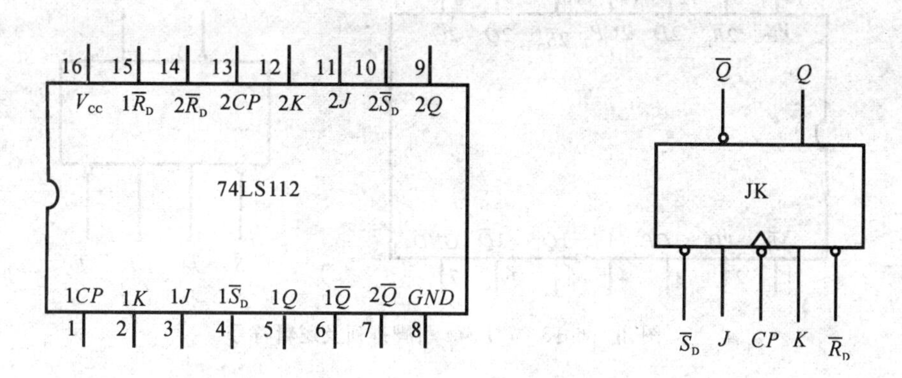

图 Ⅱ-6-2 74LS112 双 JK 触发器引脚排列及逻辑符号

下降沿触发 JK 触发器的功能如表 Ⅱ-6-2 所示。

表 Ⅱ-6-2

输入					输出	
$\bar{S}_D$	$\bar{R}_D$	CP	J	K	Q^{n+1}	$\bar{Q}^{n+1}$
0	1	×	×	×	1	0
1	0	×	×	×	0	1
0	0	×	×	×	φ	φ
1	1	↓	0	0	Q^n	$\bar{Q}^n$
1	1	↓	1	0	1	0
1	1	↓	0	1	0	1
1	1	↓	1	1	$\bar{Q}^n$	Q^n
1	1	↑	×	×	Q^n	$\bar{Q}^n$

注:×—— 任意态;↓—— 高到低电平跳变;↑—— 低到高电平跳变;$Q^n(\bar{Q}^n)$—— 现态;$Q^{n+1}(\bar{Q}^{n+1})$—— 次态;φ—— 不定态。

JK 触发器常被用作缓冲存储器,移位寄存器和计数器。

3. D 触发器

在输入信号为单端的情况下,D 触发器用起来最为方便,其状态方程为 $Q^{n+1}=D^n$,其输出状态的更新发生在 CP 脉冲的上升沿,故又称为上升沿触发的边沿触发器,触发器的状态只取决于时钟到来前 D 端的状态,D 触发器的应用很广,可用作数字信号的寄存,移位寄存,分频和波形发生等。有很多种型号可供各种用途的需要而选用。如双 D 74LS74、四 D 74LS175、六 D 74LS174 等。

图 Ⅱ-6-3 为双 D 74LS74 的引脚排列及逻辑符号。功能如表 Ⅱ-6-3 所示。

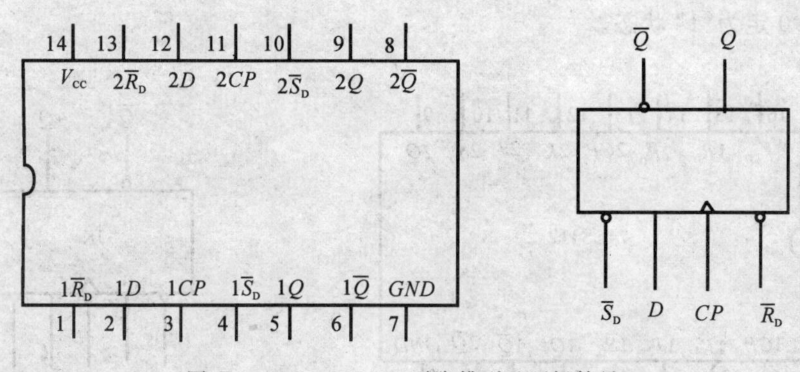

图 Ⅱ-6-3　74LS74 引脚排列及逻辑符号

表 Ⅱ-6-3

输　入				输出	
$\overline{S}_D$	$\overline{R}_D$	CP	D	Q^{n+1}	$\overline{Q}^{n+1}$
0	1	×	×	1	0
1	0	×	×	0	1
0	0	×	×	φ	φ
1	1	↑	1	1	0
1	1	↑	0	0	1
1	1	↓	×	Q^n	$\overline{Q}^n$

表 Ⅱ-6-4

输　入				输出
$\overline{S}_D$	$\overline{R}_D$	CP	T	Q^{n+1}
0	1	×	×	1
1	0	×	×	0
1	1	↓	0	Q^n
1	1	↓	1	$\overline{Q}^n$

4. 触发器之间的相互转换

在集成触发器的产品中，每一种触发器都有自己固定的逻辑功能。但可以利用转换的方法获得具有其他功能的触发器。例如将 JK 触发器的 J，K 两端连在一起，并认它为 T 端，就得到所需的 T 触发器。如图 Ⅱ-6-4(a) 所示，其状态方程为 $Q^{n+1} = T^n + Q^n$。

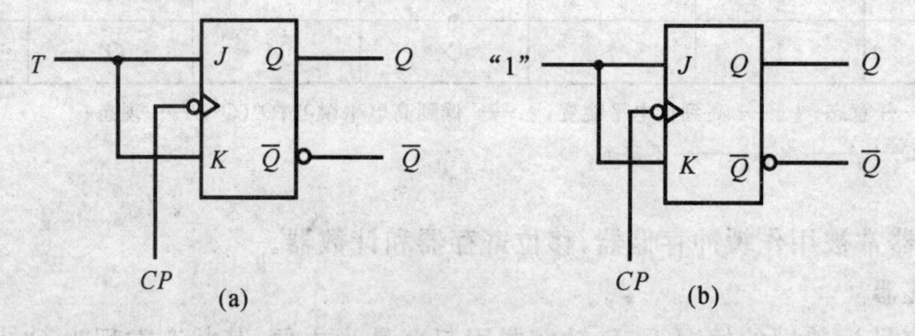

图 Ⅱ-6-4　JK 触发器转换为 T、T′ 触发器

(a) T 触发器；(b) T′ 触发器

T 触发器的功能如表 Ⅱ-6-4 所示。

由功能表可见，当 $T=0$ 时，时钟脉冲作用后，其状态保持不变；当 $T=1$ 时，时钟脉冲作用后，触发器状态翻转。所以，若将 T 触发器的 T 端置"1"，如图 Ⅱ-6-4(b) 所示，即得 T′ 触发器。在 T′ 触发器的 CP 端每来一个 CP 脉冲信号，触发器的状态就翻转一次，故称之为反转触发器，广泛用于计数电路中。

同样，若将D触发器端$\bar{Q}$与D端相连，便转换成T′触发器。如图 Ⅱ－6－5 所示。

JK触发器也可转换为D触发器，如图 Ⅱ－6－6 所示。

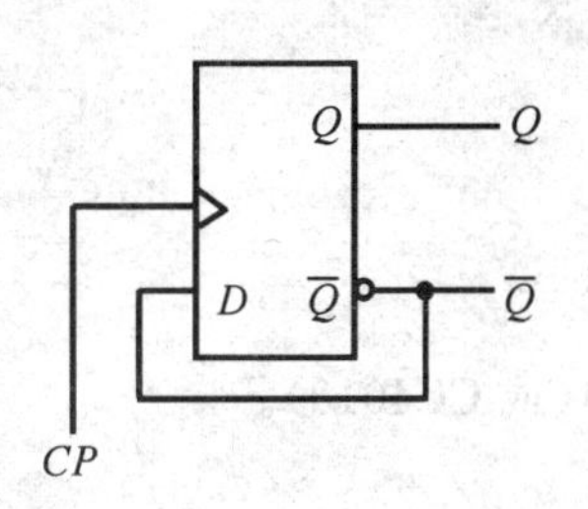

图 Ⅱ－6－5 D触发器转成 T′

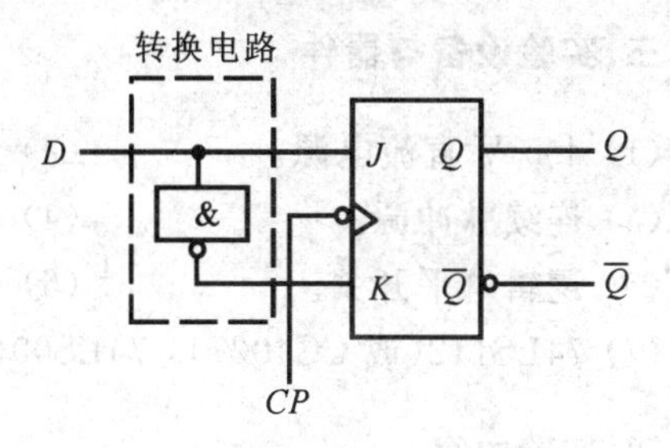

图 Ⅱ－6－6 JK触发器转成D

5. CMOS触发器

(1)CMOS边沿型D触发器。CC4013是由CMOS传输门构成的边沿型D触发器。它是上升沿触发的双D触发器，功能如表 Ⅱ－6－5 所示，引脚排列如图 Ⅱ－6－7 所示。

表 Ⅱ－6－5

输入				输出
S	R	CP	D	Q^{n+1}
1	0	×	×	1
0	1	×	×	0
1	1	×	×	φ
0	0	↑	1	1
0	0	↑	0	0
0	0	↓	×	Q^n

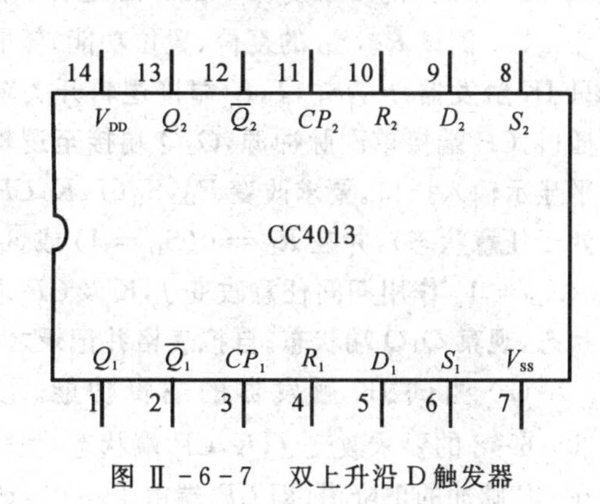

图 Ⅱ－6－7 双上升沿D触发器

(2)CMOS边沿型JK触发器。CC4027是由CMOS传输门构成的边沿型JK触发器，它是上升沿触发的双JK触发器，表 Ⅱ－6－6 为其功能表，图 Ⅱ－6－8 为引脚排列。

表 Ⅱ－6－6

输入					输出
S	R	CP	J	K	Q^{n+1}
1	0	×	×	×	1
0	1	×	×	×	0
1	1	×	×	×	φ
0	0	↑	0	0	Q^n
0	0	↑	1	0	1
0	0	↑	0	1	0
0	0	↑	1	1	$\bar{Q}^n$
0	0	↓	×	×	Q^n

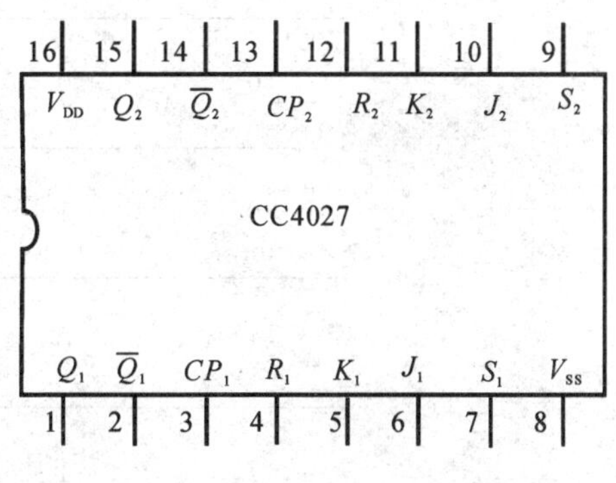

图 Ⅱ－6－8 双上升沿JK触发器

CMOS触发器的直接置位、复位输入端 S 和 R 是高电平有效，当 $S=1$(或 $R=1$) 时，触发器将不受其他输入端所处状态的影响，使触发器直接接置1(或置0)。但直接置位、复位输入端 S 和 R 必须遵守 $RS=0$ 的约束条件。CMOS触发器在按逻辑功能工作时，S 和 R 必须均置0。

三、实验设备与器件

(1) +5 V直流电源。　　　　(2) 双踪示波器。

(3) 连续脉冲源。　　　　　(4) 单次脉冲源。

(5) 逻辑电平开关。　　　　(6) 逻辑电平显示器。

(7) 74LS112(或 CC4027)，74LS00(或 CC4011)，74LS74(或 CC4013)。

四、实验内容

1. 测试基本 RS 触发器的逻辑功能

按图Ⅱ-6-1，用两个与非门组成基本 RS 触发器，输入端 $\bar{R}$，$\bar{S}$ 接逻辑开关的输出插口，输出端 Q，$\bar{Q}$ 端接逻辑电平显示输入插口，按表Ⅱ-6-7要求测试，记录之。

表Ⅱ-6-7

$\bar{R}$	$\bar{S}$	Q	$\bar{Q}$
1	1→0		
	0→1		
1→0	1		
0→1			
0	0		

2. 测试双 JK 触发器 74LS112 逻辑功能

(1) 测试 $\bar{R}_D$，$\bar{S}_D$ 的复位、置位功能。任取一只JK触发器，$\bar{R}_D$，$\bar{S}_D$，J，K 端接逻辑开关输出插口，CP 端接单次脉冲源，Q，$\bar{Q}$ 端接至逻辑电平显示输入插口。要求改变 $\bar{R}_D$，$\bar{S}_D$(J，K，CP 端处于任意状态)，并在 $\bar{R}_D=0$($\bar{S}_D=1$) 或 $\bar{S}_D=0$($\bar{R}_D=1$) 作用期间任意改变 J，K 及 CP 端的状态，观察 Q，$\bar{Q}$ 端状态。自拟表格并记录之。

(2) 测试 JK 触发器的逻辑功能。按表Ⅱ-6-8的要求改变 J，K，CP 端状态，观察 Q，$\bar{Q}$ 端状态变化，观察触发器状态更新是否发生在CP脉冲的下降沿(即 CP 端由1→0)，记录之。

表Ⅱ-6-8

J	K	CP	Q^{n+1}	
			$Q^n=0$	$Q^n=1$
0	0	0→1		
		1→0		
0	1	0→1		
		1→0		
1	0	0→1		
		1→0		
1	1	0→1		
		1→0		

(3) 将 JK 触发器的 J,K 端连在一起,构成 T 触发器。在 CP 端输入 1 Hz 连续脉冲,观察 Q 端的变化。

在 CP 端输入 1 kHz 连续脉冲,用双踪示波器观察 CP,Q,$\bar{Q}$ 端波形,注意相位关系,描绘之。

3. 测试双 D 触发器 74LS74 的逻辑功能

(1) 测试 $\bar{R}_D$,$\bar{S}_D$ 的复位、置位功能。测试方法同实验内容 2(1),自拟表格记录。

(2) 测试 D 触发器的逻辑功能。按表 Ⅱ-6-9 要求进行测试,并观察触发器状态更新是否发生在 CP 脉冲的上升沿(即由 0 → 1),记录之。

表 Ⅱ-6-9

D	CP	Q^{n+1}	
		$Q^n=0$	$Q^n=1$
0	0 → 1		
	1 → 0		
1	0 → 1		
	1 → 0		

(3) 将 D 触发器的 $\bar{Q}$ 端与 D 端相连接,构成 T′ 触发器。

测试方法同实验内容 2(3),记录之。

4. 双相时钟脉冲电路

用 JK 触发器及与非门构成的双相时钟脉冲电路如图 Ⅱ-6-9 所示,此电路是用来将时钟脉冲 CP 转换成两相时钟脉冲 CP_A 及 CP_B,其频率相同、相位不同。

分析电路工作原理,并按图 Ⅱ-6-9 接线,用双踪示波器同时观察 CP,CP_A;CP,CP_B 及 CP_A,CP_B 波形,并描绘之。

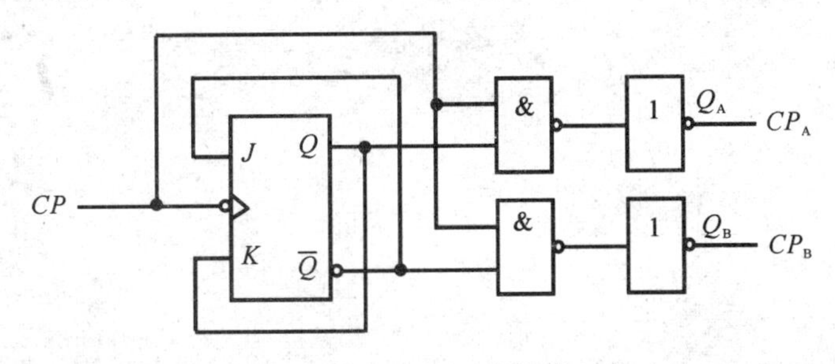

图 Ⅱ-6-9 双相时钟脉冲电路

5. 乒乓球练习电路

电路功能要求:模拟两名动运员在练球时,乒乓球能往返运转。

提示:采用双 D 触发器 74LS74 设计实验线路,两个 CP 端触发脉冲分别由两名运动员操作,两触发器的输出状态用逻辑电平显示器显示。

五、实验报告

(1) 列表整理各类触发器的逻辑功能。

(2) 总结观察到的波形，说明触发器的触发方式。

(3) 体会触发器的应用。

六、实验预习要求

(1) 复习有关触发器内容。

(2) 列出各触发器功能测试表格。

(3) 按实验内容 4,5 的要求设计线路，拟定实验方案。

实验七　计数器及其应用

一、实验目的

(1) 学习用集成触发器构成计数器的方法。

(2) 掌握中规模集成计数器的使用及功能测试方法。

(3) 运用集成计数器构成 $1/N$ 分频器。

二、实验原理

计数器是一个用以实现计数功能的时序部件，它不仅可用来计脉冲数，还常用作数字系统的定时、分频和执行数字运算以及其他特定的逻辑功能。

计数器种类很多。按构成计数器中的各触发器是否使用一个时钟脉冲源来分，有同步计数器和异步计数器。根据计数制的不同，分为二进制计数器，十进制计数器和任意进制计数器。根据计数的增减趋势，又分为加法、减法和可逆计数器。还有可预置数和可编程序功能计数器等等。目前，无论是 TTL 还是 CMOS 集成电路，都有品种较齐全的中规模集成计数器。使用者只要借助于器件手册提供的功能表和工作波形图以及引出端的排列，就能正确地运用这些器件。

1. 用 D 触发器构成异步二进制加 / 减计数器

如图 Ⅱ－7－1 所示是用 4 只 D 触发器构成的 4 位二进制异步加法计数器，它的连接特点是将每只 D 触发器接成 T′ 触发器，再由低位触发器的端和高一位的 CP 端相连接。

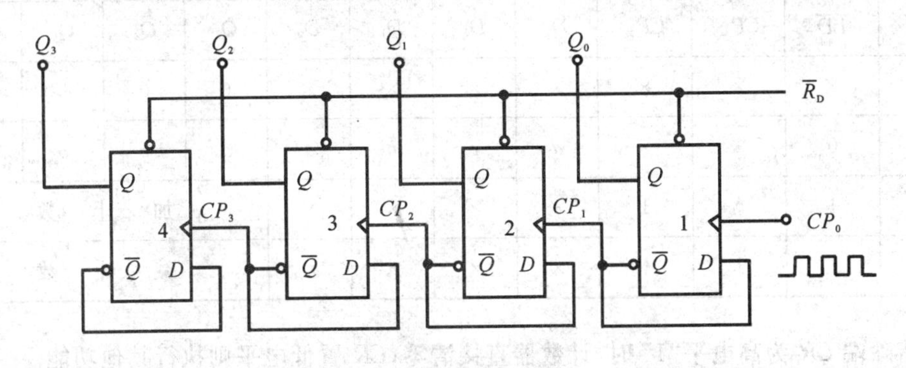

图 Ⅱ－7－1　四位二进制异步加法计数器

若将图 Ⅱ－7－1 稍加改动，即将低位触发器的 Q 端与高一位的 CP 端相连接，即构成了一个 4 位二进制减法计数器。

2. 中规模十进制计数器

CC40192 是同步十进制可逆计数器，具有双时钟输入，并具有清除和置数等功能，其引脚排列及逻辑符号如图 Ⅱ－7－2 所示。

其中　$\overline{LD}$—— 置数端；

CP_U—— 加计数端；
CP_D—— 减计数端；
$\overline{CO}$—— 非同步进位输出端；
$\overline{BO}$—— 非同步借位输出端；
D_0, D_1, D_2, D_3 —— 计数器输入端；
Q_0, Q_1, Q_2, Q_3 —— 数据输出端；
CR—— 清除端。

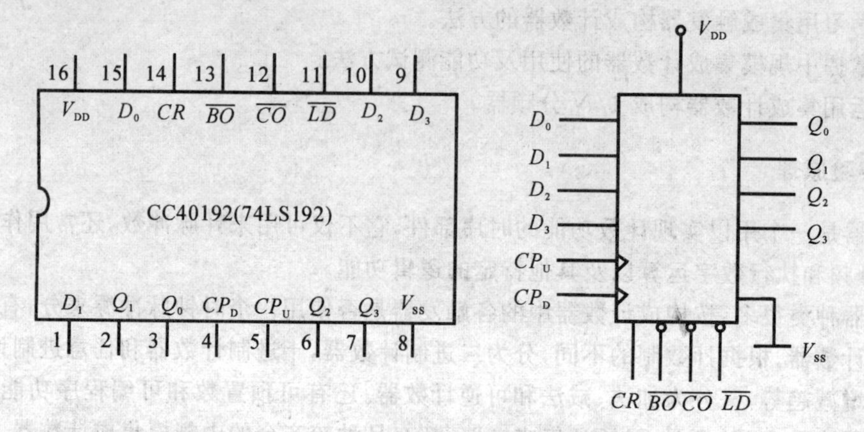

图 Ⅱ-7-2 CC40192 引脚排列及逻辑符号

CC40192(同 74LS192，二者可互换使用) 的功能如表 Ⅱ-7-1 所示，说明如下：

表 Ⅱ-7-1

输入								输出			
CR	$\overline{LD}$	CP_U	CP_D	D_3	D_2	D_1	D_0	Q_3	Q_2	Q_1	Q_0
1	×	×	×	×	×	×	×	0	0	0	0
0	0	×	×	d	c	b	a	d	c	b	a
0	1	↑	1	×	×	×	×	加计数			
0	1	1	↑	×	×	×	×	减计数			

当清除端 CR 为高电平“1”时，计数器直接清零；CR 置低电平则执行其他功能。

当 CR 端为低电平，置数端也为低电平时，数据直接从置数端 D_0, D_1, D_2, D_3 置入计数器。

当 CR 端为低电平，$\overline{LD}$ 为高电平时，执行计数功能。执行加计数时，减计数端 CP_D 接高电平，计数脉冲由 CP_U 输入；在计数脉冲上升沿进行 8421 码十进制加法计数。执行减计数时，加计数端 CP_U 接高电平，计数脉冲由减计数端 CP_D 输入，表 Ⅱ-7-2 为 8421 码十进制加、减计数器的状态转换表。

表 Ⅱ -7-2

加法计数 →

输入脉冲数		0	1	2	3	4	5	6	7	8	9
输出	Q_3	0	0	0	0	0	0	0	0	1	1
	Q_2	0	0	0	0	1	1	1	1	0	0
	Q_1	0	0	1	1	0	0	1	1	0	0
	Q_0	0	1	0	1	0	1	0	1	0	1

← 减法计数

3. 计数器的级联使用

一个十进制计数器只能表示 0 ～ 9 10 个数，为了扩大计数器范围，常用多个十进制计数器级联使用。

同步计数器往往设有进位(或借位) 输出端，故可选用其进位(或借位) 输出信号驱动下一级计数器。

如图 Ⅱ -7-3 所示是由 CC40192 利用进位输出控制高一位的 CP_U 端构成的加数级联图。

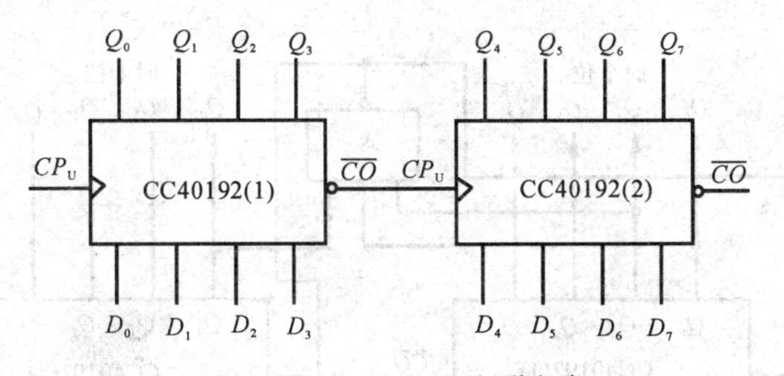

图 Ⅱ -7-3　CC40192 级联电路

4. 实现任意进制计数

(1) 用复位法获得任意进制计数器。假定已有 N 进制计数器，而需要得到一个 M 进制计数器时，只要 $M < N$，用复位法使计数器计数到 M 时置“0”，即获得 M 进制计数器。如图 Ⅱ -7-4 所示为一个由 CC40192 十进制计数器接成的 6 进制计数器。

(2) 利用预置功能获 M 进制计数器。如图 Ⅱ -7-5 所示为用三个 CC40192 组成的 421 进制计数器。

外加的由与非门构成的锁存器可以克服器件计数速度的离散性，保证在反馈置“0” 信号作用下计数器可靠置“0”。

如图 Ⅱ -7-6 所示是一个特殊十二进制的计数器电路方案。在数字钟里，对时位的计数序列是 1，2，…，11，12，1，… 是十二进制的，且无 0 数。如图 Ⅱ -7-6 所示，当计数到 13 时，通过与非门产生一个复位信号，使 CC40192(2)〔时十位〕直接置成 0000，而 CC40192(1)，即时的个位直接置成 0001，从而实现了 1 ～ 12 计数。

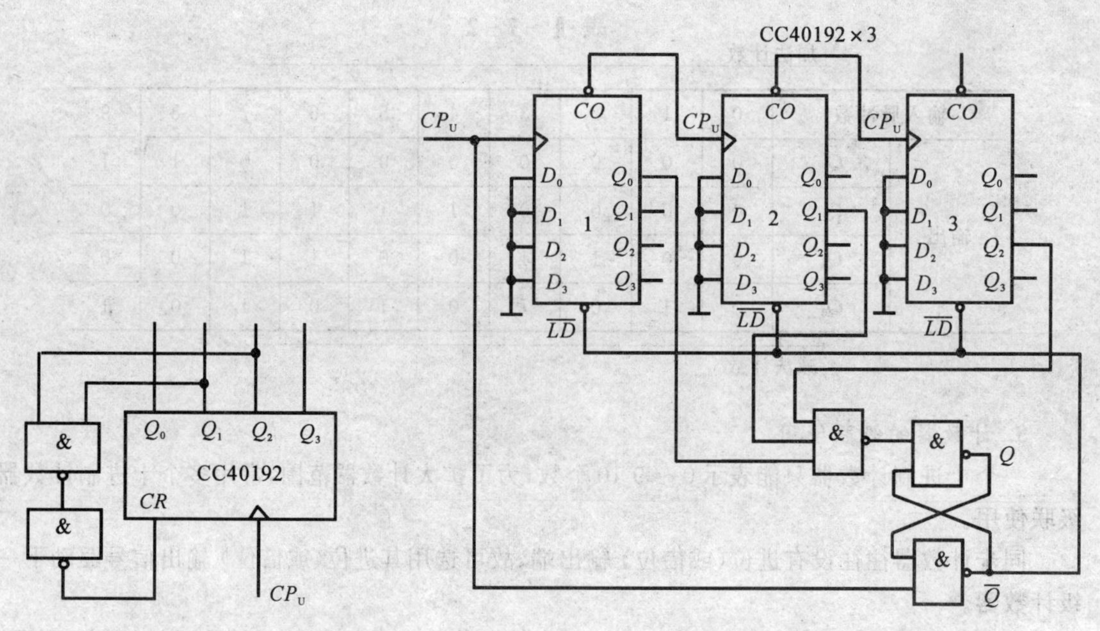

图 Ⅱ-7-4　六进制计数器　　　　图 Ⅱ-7-5　421 进制计数器

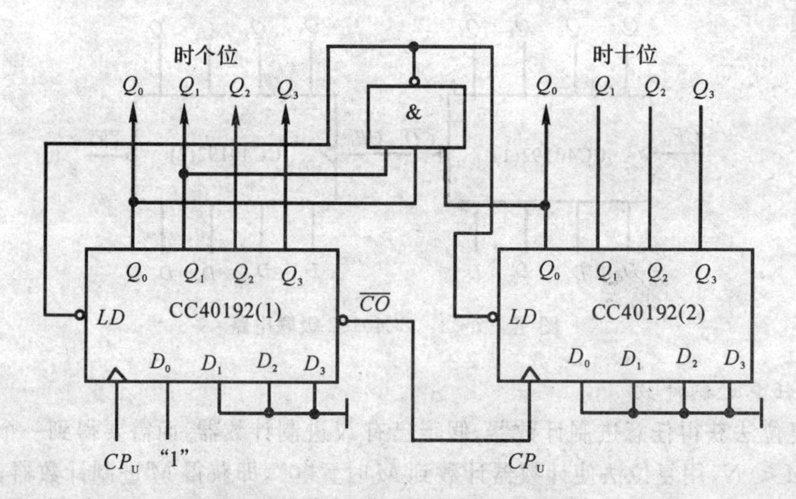

图 Ⅱ-7-6　特殊十二进制计数器

三、实验设备与器件

(1) +5 V 直流电源。　　　　(2) 双踪示波器。

(3) 连续脉冲源。　　　　　(4) 单次脉冲源。

(5) 逻辑电平开关。　　　　(6) 逻辑电平显示器。

(7) 译码显示器。

(8) CC4013×2(74LS74),CC40192×3(74LS192),CC4011(74LS00),CC4012(74LS20)

四、实验内容

(1) 用 CC4013 或 74LS74 D 触发器构成 4 位二进制异步加法计数器。

1) 按图 Ⅱ－7－1 接线，$\bar{R}_D$接至逻辑开关输出插口，将低位 CP_0端接单次脉冲源，输出端 Q_3，Q_2，Q_3，Q_0接逻辑电平显示输入插口，各 $\bar{S}_D$ 接高电平“1”。

2) 清零后，逐个送入单次脉冲，观察并列表记录 $Q_3 \sim Q_0$状态。

3) 将单次脉冲改为 1 Hz 的连续脉冲，观察 $Q_3 \sim Q_0$ 的状态。

4) 将 1 Hz 的连续脉冲改为 1 kHz，用双踪示波器观察 CP，Q_3，Q_2，Q_1，Q_0端波形，描绘之。

5) 将图 Ⅱ－7－1 电路中的低位触发器的 Q 端与高一位的 CP 端相连接，构成减法计数器，按实验内容(2)，(3)，(4) 进行实验，观察并列表记录 $Q_3 \sim Q_0$的状态。

(2) 测试 CC40192 或 74LS192 同步十进制可逆计数器的逻辑功能。计数脉冲由单次脉冲源提供，清除端 CR、置数端$\overline{LD}$、数据输入端 D_3，D_2，D_1，D_0 分别接逻辑开关，输出端 Q_3，Q_2，Q_1，Q_0 接实验设备的一个译码显示输入相应插口 A，B，C，D；和接逻辑电平显示插口。按表 Ⅱ－9－1 逐项测试并判断该集成块的功能是否正常。

1) 清除。令 $CR = 1$，其他输入为任意态，这时 $Q_3Q_2Q_1Q_0 = 0000$，译码数字显示为 0。清除功能完成后，置 $CR = 0$。

2) 置数。$CR = 0$，CP_U，CP_D任意，数据输入端输入任意一组二进制数，令$\overline{LD} = 0$，观察计数译码显示输出，予置功能是否完成，此后置$\overline{LD} = 1$。

3) 加计数。$CR = 0$，$\overline{LD} = CP_D = 1$，CP_U接单次脉冲源。清零后送入 10 个单次脉冲，观察译码数字显示是否按 8421 码十进制状态转换表进行；输出状态变化是否发生在 CP_U的上升沿。

4) 减计数。$CR = 0$，$\overline{LD} = CP_U = 1$，CP_D接单次脉冲源。参照 3) 进行实验。

(3) 图 Ⅱ－7－3 所示，用两片 CC40192 组成两位十进制加法计数器，输入 1 Hz 连续计数脉冲，进行由 00 ～ 99 累加计数，记录之。

(4) 将两位十进制加法计数器改为两位十进制减法计数器，实现由 99 ～ 00 递减计数，记录之。

(5) 按图 Ⅱ－7－4 电路进行实验，记录之。

(6) 按图 Ⅱ－7－5 或图 Ⅱ－7－6 进行实验，记录之。

(7) 设计一个数字钟移位 60 进制计数器并进行实验。

五、实验报告

(1) 画出实验线路图，记录、整理实验现象及实验所得的有关波形。对实验结果进行分析。

(2) 总结使用集成计数器的体会。

六、实验预习要求

(1) 复习有关计数器部分内容。

(2) 绘出各实验内容的详细线路图。

(3) 拟出各实验内容所需的测试记录表格。

(4) 查手册，给出并熟悉实验所用各集成块的引脚排列图。

实验八　移位寄存器及其应用

一、实验目的

(1) 掌握中规模 4 位双向移位寄存器逻辑功能及使用方法。

(2) 熟悉移位寄存器的应用 —— 实现数据的串行、并行转换和构成环形计数器。

二、实验原理

移位寄存器是一个具有移位功能的寄存器，是指寄存器中所存的代码能够在移位脉冲的作用下依次左移或右移。既能左移又能右移的称为双向移位寄存器，只需要改变左、右移的控制信号便可实现双向移位要求。根据移位寄存器存取信息的方式不同分为：串入串出、串入并出、并入串出、并入并出四种形式。本实验选用的 4 位双向通用移位寄存器，型号为 CC40194 或 74LS194，两者功能相同，可互换使用，其逻辑符号及引脚排列如图 Ⅱ－8－1 所示。

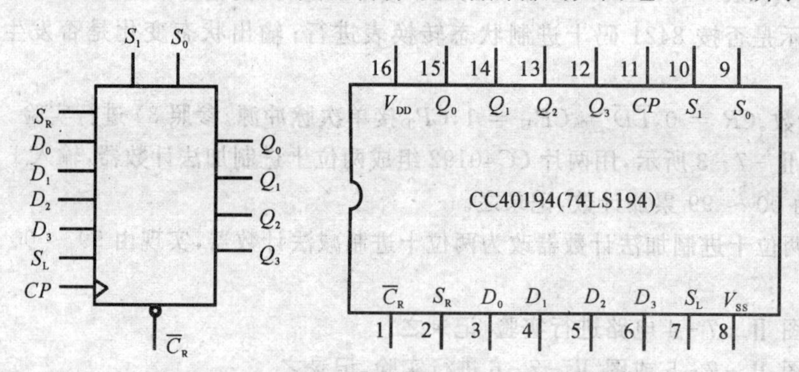

图 Ⅱ－8－1　CC40194 的逻辑符号及引脚功能

其中，D_0，D_1，D_2，D_3 为并行输入端；Q_0，Q_1，Q_2，Q_3 为并行输出端；S_R为右移串行输入端，S_L为左移串行输入端；S_1，S_0为操作模式控制端；$\overline{C}_R$ 为直接无条件清零端；CP 为时钟脉冲输入端。

CC40194 有 5 种不同操作模式：即并行送数寄存，右移（方向由$Q_0 \rightarrow Q_3$），左移（方向由 $Q_3 \rightarrow Q_0$），保持及清零。S_1，S_0 和 $\overline{C}_R$ 端的控制作用见表 Ⅱ－8－1。

表 Ⅱ－8－1

功能	输入										输出			
	CP	$\overline{C}_R$	S_1	S_0	S_R	S_L	D_0	D_1	D_2	D_3	Q_0	Q_1	Q_2	Q_3
清除	×	0	×	×	×	×	×	×	×	×	0	0	0	0
送数	↑	1	1	1	×	×	a	b	c	d	a	b	c	d
右移	↑	1	0	1	D_{SR}	×	×	×	×	×	D_{SR}	Q_0	Q_1	Q_2
左移	↑	1	1	0	×	D_{SL}	×	×	×	×	Q_1	Q_2	Q_3	D_{SL}
保持	↑	1	0	0	×	×	×	×	×	×	Q_0^n	Q_1^n	Q_2^n	Q_3^n
保持	↓	1	×	×	×	×	×	×	×	×	Q_0^n	Q_1^n	Q_2^n	Q_3^n

移位寄存器应用很广，可构成移位寄存器型计数器；顺序脉冲发生器；串行累加器；可用作数据转换，即把串行数据转换为并行数据，或把并行数据转换为串行数据等。本实验研究移位寄存器用作环形计数器和数据的串、并行转换。

1. 环形计数器

把移位寄存器的输出反馈到它的串行输入端，就可以进行循环移位，如图 Ⅱ－8－2 所示，把输出端 Q_3 和右移串行输入端 S_R 相连接，设初始状态 $Q_0Q_1Q_2Q_3=1000$，则在时钟脉冲作用下 $Q_0Q_1Q_2Q_3$ 将依次变为 $0100 \to 0010 \to 0001 \to 1000 \to \cdots\cdots$，如表 Ⅱ－8－2 所示，可见它是一个具有 4 个有效状态的计数器，这种类型的计数器通常称为环形计数器。图 Ⅱ－8－2 电路可以由各个输出端输出在时间上有先后顺序的脉冲，因此也可作为顺序脉冲发生器。

表 Ⅱ－8－2

CP	Q_0	Q_1	Q_2	Q_3
0	1	0	0	0
1	0	1	0	0
2	0	0	1	0
3	0	0	0	1

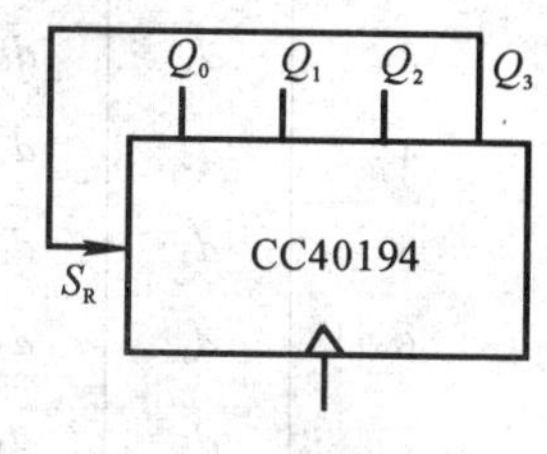

图 Ⅱ－8－2　环形计数器

如果将输出 Q_0 与左移串行输入端 S_L 相连接，即可达左移循环移位。

2. 实现数据串、并行转换

(1) 串行／并行转换器。串行／并行转换是指串行输入的数码，经转换电路之后变换成并行输出。

图 Ⅱ－8－3 是用二片 CC40194(74LS194)4 位双向移位寄存器组成的 7 位串／并行数据转换电路。

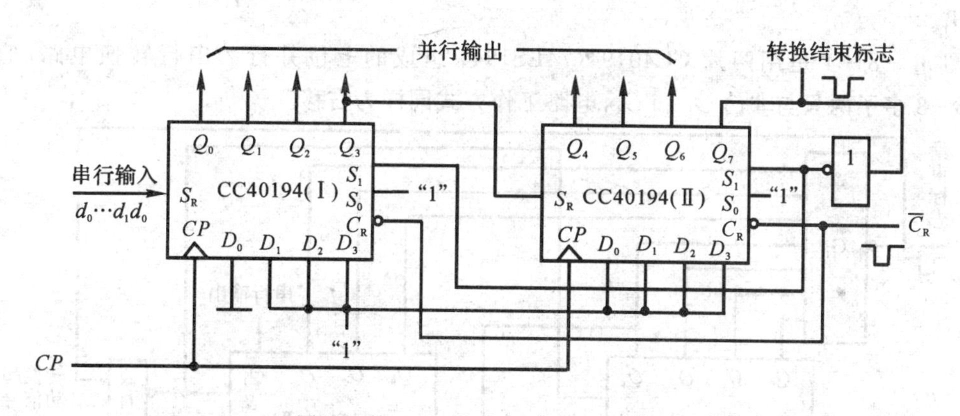

图 Ⅱ－8－3　7 位串行／并行转换器

电路中 S_0 端接高电平 1，S_1 受 Q_7 控制，两片寄存器连接成串行输入右移工作模式。Q_7 是转换结束标志。当 $Q_7=1$ 时，S_1 为 0，使之成为 $S_1S_0=01$ 的串入右移工作方式，当 $Q_7=0$ 时，$S_1=1$，有 $S_1S_0=10$，则串行送数结束，标志着串行输入的数据已转换成并行输出。

串行／并行转换的具体过程如下：

转换前，$\overline{C}_R$ 端加低电平，使1、2两片寄存器的内容清0，此时 $S_1S_0=11$，寄存器执行并行输入工作方式。当第一个 CP 脉冲到来后，寄存器的输出状态 $Q_0 \sim Q_7$ 为 01111111，与此同时 S_1S_0 变为 01，转换电路变为执行串入右移工作方式，串行输入数据由1片的 S_R 端加入。随着 CP 脉冲的依次加入，输出状态的变化可列成表Ⅱ-8-3。

表Ⅱ-8-3

CP	Q_0	Q_1	Q_2	Q_3	Q_4	Q_5	Q_6	Q_7	说明
0	0	0	0	0	0	0	0	0	清零
1	0	1	1	1	1	1	1	1	送数
2	d_0	0	1	1	1	1	1	1	右移操作7次
3	d_1	d_0	0	1	1	1	1	1	
4	d_2	d_1	d_0	0	1	1	1	1	
5	d_3	d_2	d_1	d_0	0	1	1	1	
6	d_4	d_3	d_2	d_1	d_0	0	1	1	
7	d_5	d_4	d_3	d_2	d_1	d_0	0	1	
8	d_6	d_5	d_4	d_3	d_2	d_1	d_0	0	
9	0	1	1	1	1	1	1	1	送数

由表Ⅱ-8-3可见，右移操作7次之后，Q_7 变为0，S_1S_0 又变为11，说明串行输入结束。这时，串行输入的数码已经转换成了并行输出了。

当再来一个 CP 脉冲时，电路又重新执行一次并行输入，为第二组串行数码转换作好了准备。

(2) 并行/串行转换器。并行/串行转换器是指并行输入的数码经转换电路之后，换成串行输出。

图Ⅱ-8-4是用两片CC40194(74LS194)组成的七位并行/串行转换电路，它比图Ⅱ-8-3多了两只与非门 G_1 和 G_2，电路工作方式同样为右移。

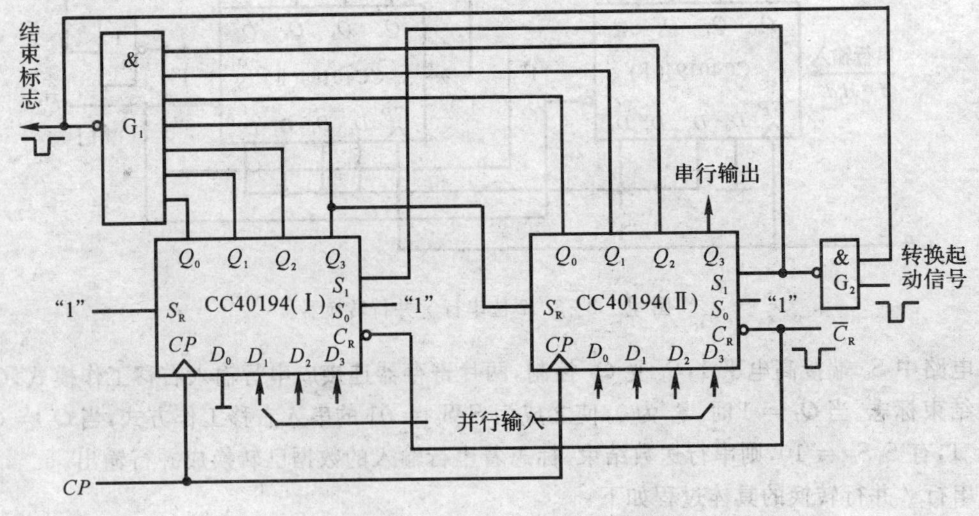

图Ⅱ-8-4 七位并行/串行转换器

寄存器清“0”后，加一个转换起动信号（负脉冲或低电平）。此时，由于方式控制 S_1S_0 为 11，转换电路执行并行输入操作。第一个 CP 脉冲到来后，$Q_0Q_1Q_2Q_3Q_4Q_5Q_6Q_7$ 的状态为 $0D_1D_2D_3D_4D_5D_6D_7$，并行输入数码存入寄存器。从而使得 G_1 输出为 1，G_2 输出为 0，结果，S_1S_2 变为 01，转换电路随着 CP 脉冲的加入，开始执行右移串行输出，随着 CP 脉冲的依次加入，输出状态依次右移，待右移操作七次后，$Q_0 \sim Q_6$ 的状态都为高电平 1，与非门 G_1 输出为低电平，G_2 门输出为高电平，S_1S_2 又变为 11，表示并 / 串行转换结束，且为第二次并行输入创造了条件。转换过程如表 Ⅱ-8-4 所示。

表 Ⅱ-8-4

CP	Q_0	Q_1	Q_2	Q_3	Q_4	Q_5	Q_6	Q_7	串行输出						
0	0	0	0	0	0	0	0	0							
1	0	D_1	D_2	D_3	D_4	D_5	D_6	D_7							
2	1	0	D_1	D_2	D_3	D_4	D_5	D_6	D_7						
3	1	1	0	D_1	D_2	D_3	D_4	D_5	D_6	D_7					
4	1	1	1	0	D_1	D_2	D_3	D_4	D_5	D_6	D_7				
5	1	1	1	1	0	D_1	D_2	D_3	D_4	D_5	D_6	D_7			
6	1	1	1	1	1	0	D_1	D_2	D_3	D_4	D_5	D_6	D_7		
7	1	1	1	1	1	1	0	D_1	D_2	D_3	D_4	D_5	D_6	D_7	
8	1	1	1	1	1	1	1	0	D_1	D_2	D_3	D_4	D_5	D_6	D_7
9	0	D_1	D_2	D_3	D_4	D_5	D_6	D_7							

中规模集成移位寄存器，其位数往往以 4 位居多，当需要的位数多于 4 位时，可把几片移位寄存器用级连的方法来扩展位数。

三、实验设备及器件

(1) ＋5 V 直流电源。　　　(2) 单次脉冲源。

(3) 逻辑电平开关。　　　(4) 逻辑电平显示器。

(5) CC40194 × 2(74LS194，CC4011(74LS00)，CC4068(74LS30)。

四、实验内容

1. 测试 CC40194(或 74LS194) 的逻辑功能

按图 Ⅱ-8-5 接线，$\overline{C}_R$，S_1，S_0，S_L，S_R，D_0，D_1，D_2，D_3 分别接至逻辑开关的输出插口；Q_0，Q_1，Q_2，Q_3 接至逻辑电平显示输入插口。CP 端接单次脉冲源。按表 Ⅱ-8-5 所规定的输入状态，逐项进行测试。

(1) 清除：令 $\overline{C}_R = 0$，其他输入均为任意态，这时寄存器输出 Q_0，Q_1，Q_2，Q_3 应均为 0。清除后，置 1。

(2) 送数：令 $\overline{C}_R = S_1 = S_0 = 1$，送入任意 4 位二进制数，如 $D_0D_1D_2D_3 = abcd$，加 CP 脉冲，观察 $CP = 0$。CP 由 $0 \to 1$、CP 由 $1 \to 0$ 三种情况下寄存器输出状态的变化，观察寄存器输

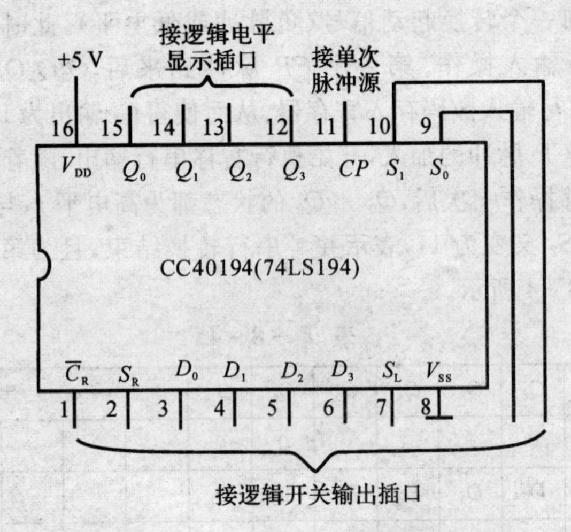

图 Ⅱ-8-5 CC40194 逻辑功能测试

出状态变化是否发生在 CP 脉冲的上升沿。

(3) 右移:清零后,令 $\bar{C}_R=1, S_1=0, S_0=1$,由右移输入端 S_R 送入二进制数码如 0100,由 CP 端连续加 4 个脉冲,观察输出情况,记录之。

(4) 左移:先清零或予置,再令 $=1, S_1=1, S_0=0$,由左移输入端 S_L 送入二进制数码如 1111,连续加 4 个 CP 脉冲,观察输出端情况,记录之。

(5) 保持:寄存器予置任意 4 位二进制数码 $abcd$,令 $\bar{C}_R=1, S_1=S_0=0$,加 CP 脉冲,观察寄存器输出状态,记录之。

2. 环形计数器

自拟实验线路用并行送数法予置寄存器为某二进制数码(如 0100),然后进行右移循环,观察寄存器输出端状态的变化,记入表 Ⅱ-8-6 中。

表 Ⅱ-8-5

清除	模式		时钟	串 行		输 入	输 出	功能总结
$\bar{C}_R$	S_1	S_0	CP	S_L	S_R	$D_0D_1D_2D_3$	$Q_0Q_1Q_2Q_3$	
0	×	×	×	×	×	××××		
1	1	1	↑	×	×	$a\ b\ c\ d$		
1	0	1	↑	×	0	××××		
1	0	1	↑	×	1	××××		
1	0	1	↑	×	0	××××		
1	0	1	↑	×	0	××××		
1	1	0	↑	1	×	××××		
1	1	0	↑	1	×	××××		
1	1	0	↑	1	×	××××		
1	1	0	↑	1	×	××××		
1	0	0	↑	×	×	××××		

表 Ⅱ-8-6

CP	Q_0	Q_1	Q_2	Q_3
0	0	1	0	0
1				
2				
3				
4				

3. 实现数据的串、并行转换

(1) 串行输入、并行输出。按图 Ⅱ-8-3 接线，进行右移串入、并出实验，串入数码自定；改接线路用左移方式实现并行输出。自拟表格，记录之。

(2) 并行输入、串行输出。按图 Ⅱ-8-4 接线，进行右移并入、串出实验，并入数码自定。再改接线路用左移方式实现串行输出。自拟表格，记录之。

五、实验报告

(1) 分析表 Ⅱ-8-4 的实验结果，总结移位寄存器 CC40194 的逻辑功能并写入表格功能总结一栏中。

(2) 根据实验内容 2 的结果，画出 4 位环形计数器的状态转换图及波形图。

(3) 分析串 / 并、并 / 串转换器所得结果的正确性。

六、实验预习要求

(1) 复习有关寄存器及串行、并行转换器有关内容。

(2) 查阅 CC40194，CC4011 及 CC4068 逻辑线路。熟悉其逻辑功能及引脚排列。

(3) 在对 CC40194 进行送数后，若要使输出端改成另外的数码，是否一定要使寄存器清零?

(4) 使寄存器清零，除采用输入低电平外，可否采用右移或左移的方法?可否使用并行送数法?若可行，如何进行操作?

(5) 若进行循环左移，图 Ⅱ-8-4 接线应如何改接?

(6) 画出用两片 CC40194 构成的 7 位左移串 / 并行转换器线路。

(7) 画出用两片 CC40194 构成的 7 位左移并 / 串行转换器线路。

实验九　555 时基电路及其应用

一、实验目的

(1) 熟悉 555 型集成时基电路结构、工作原理及其特点。

(2) 掌握 555 型集成时基电路的基本应用。

二、实验原理

集成时基电路又称为集成定时器或 555 电路，是一种数字、模拟混合型的中规模集成电路，应用十分广泛。它是一种产生时间延迟和多种脉冲信号的电路，由于内部电压标准使用了三个 5 kΩ 电阻，故取名 555 电路。其电路类型有双极型和 CMOS 型两大类，二者的结构与工作原理类似。几乎所有的双极型产品型号最后的三位数码都是 555 或 556；所有的 CMOS 产品型号最后四位数码都是 7555 或 7556，二者的逻辑功能和引脚排列完全相同，易于互换。555 和 7555 是单定时器。556 和 7556 是双定时器。双极型的电源电压 $V_{CC}=+5\ \mathrm{V}\sim+15\ \mathrm{V}$，输出的最大电流可达 200 mA，CMOS 型的电源电压为 $+3\sim+18\ \mathrm{V}$。

1. 555 电路的工作原理

555 电路的内部电路方框图如图 Ⅱ-9-1 所示。它含有两个电压比较器，一个基本 RS 触发器，一个放电开关管 T，比较器的参考电压由三只 5 kΩ 的电阻器构成的分压器提供。它们分别使高电平比较器 A_1 的同相输入端和低电平比较器 A_2 的反相输入端的参考电平为 $\frac{2}{3}V_{CC}$ 和 $\frac{1}{3}V_{CC}$。A_1 与 A_2 的输出端控制 RS 触发器状态和放电管开关状态。当输入信号自脚 6，即高电平触发输入并超过参考电平 $\frac{2}{3}V_{CC}$ 时，触发器复位，555 的输出端脚 3 输出低电平，同时放电开关管导通；当输入信号自脚 2 输入并低于时，触发器置位，555 的脚 3 输出高电平，同时放电开关管截止。

$\bar{R}_D$ 是复位端(脚 4)，当 $\bar{R}_D=0$，555 输出低电平。平时 $\bar{R}_D$ 端开路或接 V_{CC}。

V_C 是控制电压端(脚 5)，平时输出 $\frac{2}{3}V_{CC}$ 作为比较器 A_1 的参考电平，当脚 5 外接一个输入电压，即改变了比较器的参考电平，从而实现对输出的另一种控制，在不接外加电压时，通常接一个 0.01 μF 的电容器到地，起滤波作用，以消除外来的干扰，以确保参考电平的稳定。

T 为放电管，当 T 导通时，将给接于脚 7 的电容器提供低阻放电通路。

555 定时器主要是与电阻、电容构成充放电电路，并由两个比较器来检测电容器上的电压，以确定输出电平的高低和放电开关管的通断。这就很方便地构成从微秒到数十分钟的延时电路，可方便地构成单稳态触发器，多谐振荡器，施密特触发器等脉冲产生或波形变换电路。

2. 555 定时器的典型应用

(1) 构成单稳态触发器。如图 Ⅱ-9-2(a) 所示为由 555 定时器和外接定时元件 R，C 构成

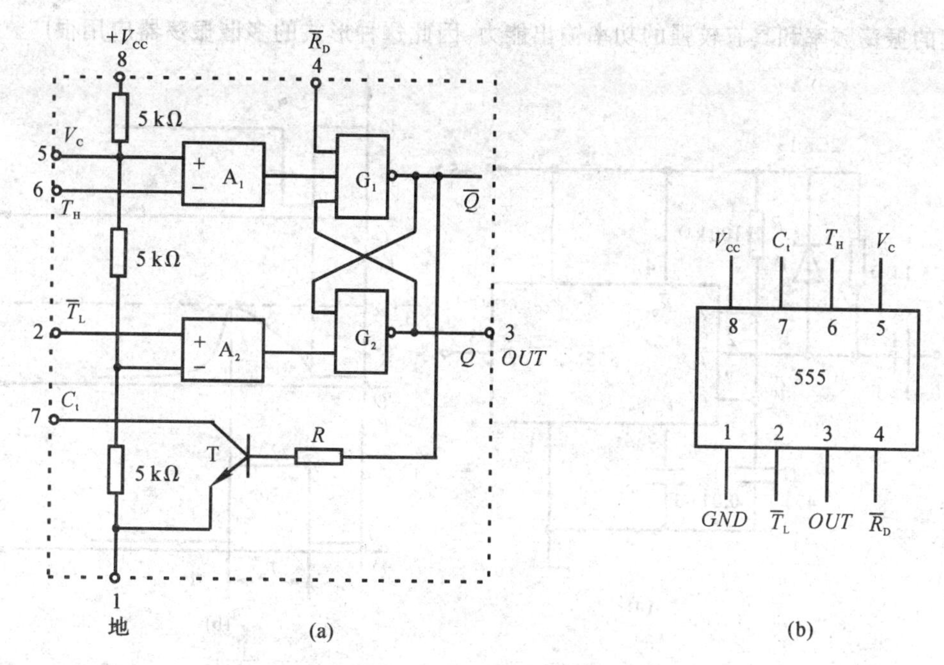

图 Ⅱ-9-1　555 定时器内部框图及引脚排列

的单稳态触发器。触发电路由 C_1，R_1，D 构成，其中 D 为钳位二极管，稳态时 555 电路输入端处于电源电平，内部放电开关管 T 导通，输出端 F 输出低电平，当有一个外部负脉冲触发信号经 C_1 加到 2 端。并使 2 端电势瞬时低于 $\frac{1}{3}V_{CC}$，低电平比较器动作，单稳态电路即开始一个暂态过程，电容 C 开始充电，V_C 按指数规律增长。当 V_C 充电到 $\frac{2}{3}V_{CC}$ 时，高电平比较器动作，比较器 A_1 翻转，输出 V_0 从高电平返回低电平，放电开关管 T 重新导通，电容 C 上的电荷很快经放电开关管放电，暂态结束，恢复稳态，为下个触发脉冲的来到作好准备。波形图如图 Ⅱ-9-2(b) 所示。

暂稳态的持续时间 t_W（即为延时时间）决定于外接元件 R，C 值的大小。

$$t_W = 1.1RC$$

通过改变 R，C 的大小，可使延时时间在几个微秒到几十分钟之间变化。当这种单稳态电路作为计时器时，可直接驱动小型继电器，并可以使用复位端（脚 4）接地的方法来中止暂态，重新计时。此外尚须用一个续流二极管与继电器线圈并接，以防继电器线圈反电势损坏内部功率管。

(2) 构成多谐振荡器。如图 Ⅱ-9-3(a) 所示，由 555 定时器和外接元件 R_1，R_2，C 构成多谐振荡器，脚 2 与脚 6 直接相连。电路没有稳态，仅存在两个暂稳态，电路亦不需要外加触发信号，利用电源通过 R_1，R_2 向 C 充电，以及 C 通过 R_2 向放电端 C_t 放电，使电路产生振荡。电容 C 在 $\frac{1}{3}V_{CC}$ 和 $\frac{2}{3}V_{CC}$ 之间充电和放电，其波形如图 Ⅱ-9-3(b) 所示。输出信号的时间参数是

$$T = t_{W1} + t_{W2},\quad t_{W1} = 0.7(R_1 + R_2)C,\quad t_{W2} = 0.7R_2C$$

555 电路要求 R_1 与 R_2 均应大于或等于 1 kΩ，但 $R_1 + R_2$ 应小于或等于 3.3 MΩ。

外部元件的稳定性决定了多谐振荡器的稳定性，555 定时器配以少量的元件即可获得较

高精度的振荡频率和具有较强的功率输出能力。因此这种形式的多谐振荡器应用很广。

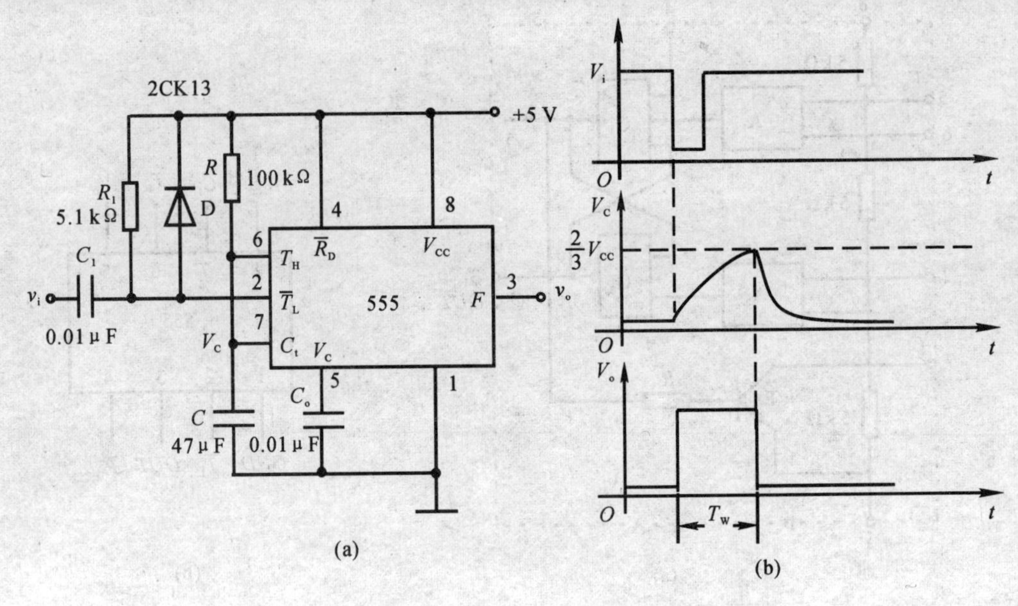

图 Ⅱ-9-2　单稳态触发器

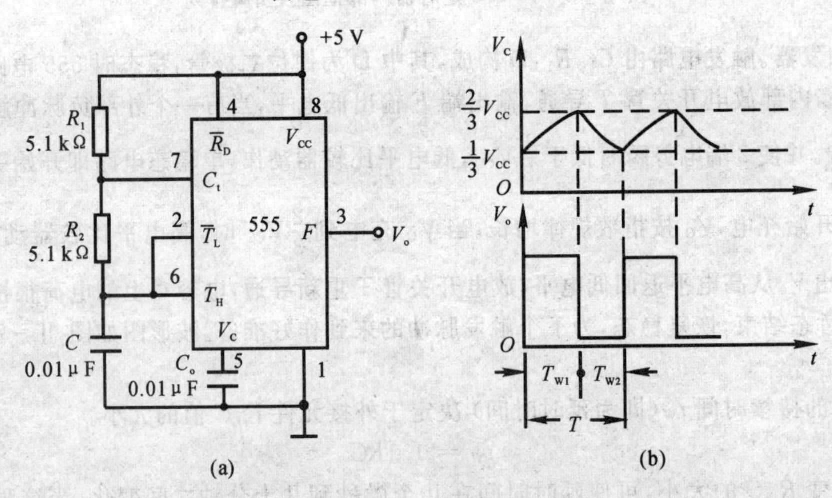

图 Ⅱ-9-3　多谐振荡器

(3) 组成占空比可调的多谐振荡器。电路如图 Ⅱ-9-4，它比图 Ⅱ-9-3 所示电路增加了一个电位器和两个导引二极管。D_1，D_2 用来决定电容充、放电电流流经电阻的途径（充电时 D_1 导通，D_2 截止；放电时 D_2 导通，D_1 截止）。

占空比
$$P=\frac{t_{W1}}{t_{W1}+t_{W2}}\approx\frac{0.6R_AC}{0.7C(R_A+R_B)}=\frac{R_A}{R_A+R_B}$$

可见，若取 $R_A=R_B$ 电路即可输出占空比为 50% 的方波信号。

(4) 组成占空比连续可调并能调节振荡频率的多谐振荡器。电路如图 Ⅱ-9-5 所示。对 C_1 充电时，充电电流通过 R_1，D_1，R_{W2} 和 R_{W1}；放电时通过 R_{W1}，R_{W2}，D_2，R_2。当 $R_1=R_2$，R_{W2} 调至中心点，因充放电时间基本相等，其占空比约为 50%，此时调节 R_{W1} 仅改变频率，占空比不变。如 R_{W2} 调至偏离中心点，再调节 R_{W1}，不仅振荡频率改变，而且对占空比也有影响。R_{W1} 不变，调

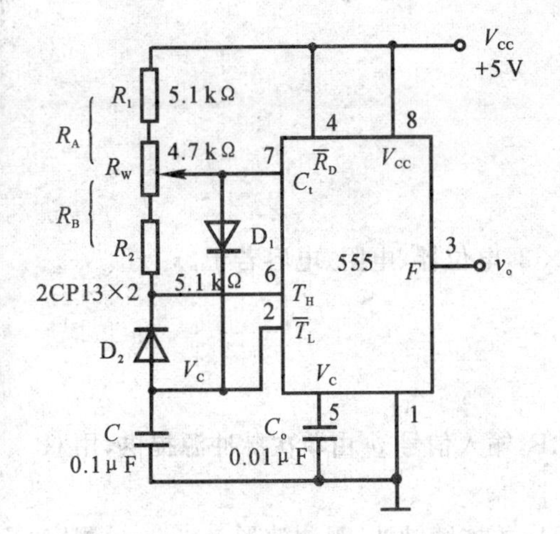

图 Ⅱ-9-4　占空比可调的多谐振荡器

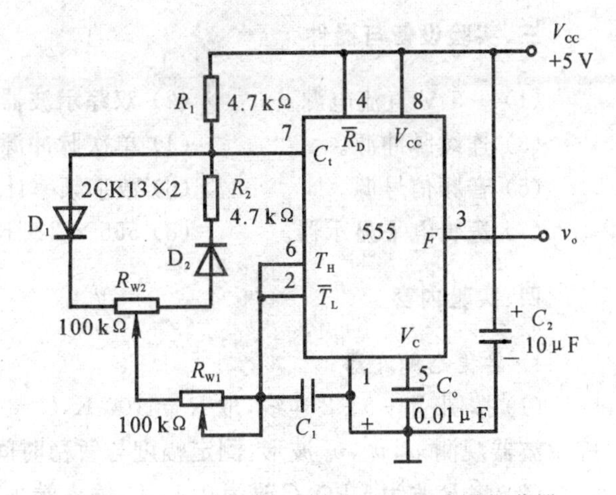

图 Ⅱ-9-5 占空比与频率均可调的多谐振荡器

节 R_{W2}，仅改变占空比，对频率无影响。因此，当接通电源后，应首先调节 R_{W1} 使频率至规定值，再调节 R_{W2}，以获得需要的占空比。若频率调节的范围比较大，还可以用波段开关改变 C_1 的值。

(5) 组成施密特触发器。电路如图Ⅱ-9-6所示，只要将脚 2,6 连在一起作为信号输入端，即得到施密特触发器。图Ⅱ-9-7示出了 v_s，v_i 和 v_o 的波形图。

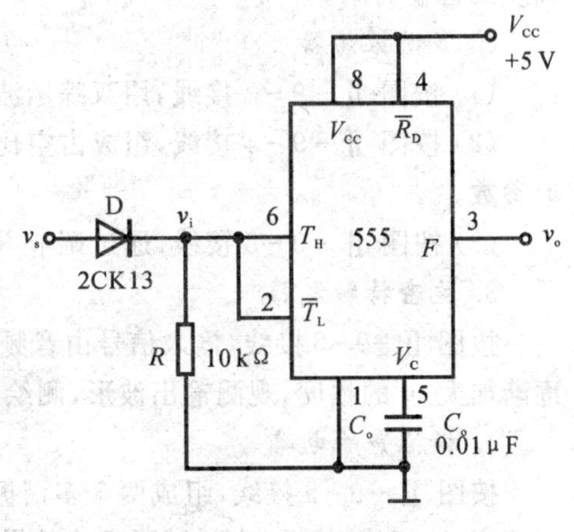

图 Ⅱ-9-6　施密特触发器

设被整形变换的电压为正弦波 v_s，其正半波通过二极管 D 同时加到 555 定时器的 2 脚和 6 脚，得 v_i 为半波整流波形。当 v_i 上升到 时，v_o 从高电平翻转为低电平；当 v_i 下降到 时，v_o 又从低电平翻转为高电平。电路的电压传输特性曲线如图 Ⅱ-9-8 所示。

回差电压
$$\Delta V=\frac{2}{3}V_{CC}-\frac{1}{3}V_{CC}=\frac{1}{3}V_{CC}$$

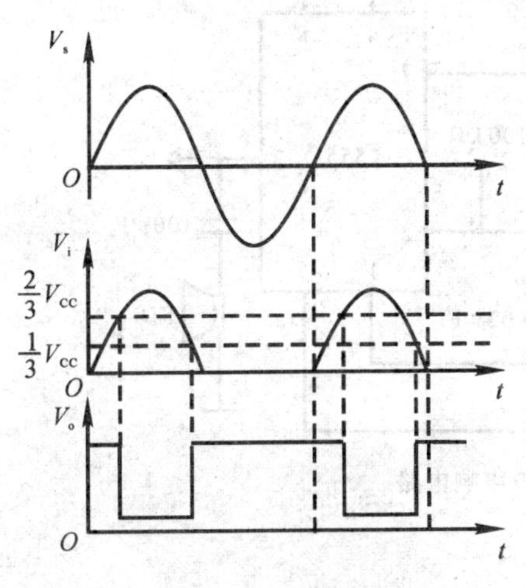

图 Ⅱ-9-7　波形变换

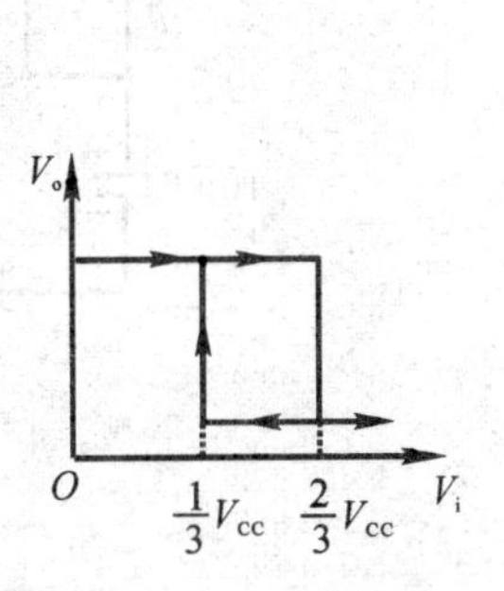

图 Ⅱ-9-8　电压传输特性

三、实验设备与器件

(1) +5 V直流电源。　(2) 双踪示波器。

(3) 连续脉冲源。　(4) 单次脉冲源。

(5) 音频信号源。　(6) 数字频率计。

(7) 逻辑电平显示器。　(8) 555×22CK13×2,电位器、电阻、电容若干。

四、实验内容

1. 单稳态触发器

(1) 按图Ⅱ-9-2连线,取$R=100$ K,$C=47\ \mu$F,输入信号v_i由单次脉冲源提供,用双踪示波器观测v_i,v_C,v_o波形。测定幅度与暂稳时间。

(2) 将R改为1 kΩ,C改为0.1 μF,输入端加1 kHz的连续脉冲,观测波形v_i,v_C,v_o,测定幅度及暂稳时间。

2. 多谐振荡器

(1) 按图Ⅱ-9-3接线,用双踪示波器观测v_C与v_o的波形,测定频率。

(2) 按图Ⅱ-9-4接线,组成占空比为50%的方波信号发生器。观测v_C,v_o波形,测定波形参数。

(3) 按图Ⅱ-9-5接线,通过调节R_{W1}和R_{W2}来观测输出波形。

3. 施密特触发器

按图Ⅱ-9-6接线,输入信号由音频信号源提供,预先调好v_s的频率为1 kHz,接通电源,逐渐加大v_s的幅度,观测输出波形,测绘电压传输特性,算出回差电压ΔV。

4. 模拟声响电路

按图Ⅱ-9-9接线,组成两个多谐振荡器,调节定时元件,使Ⅰ输出较低频率,Ⅱ输出较高频率,连好线,接通电源,试听音响效果。调换外接阻容元件,再试听音响效果。

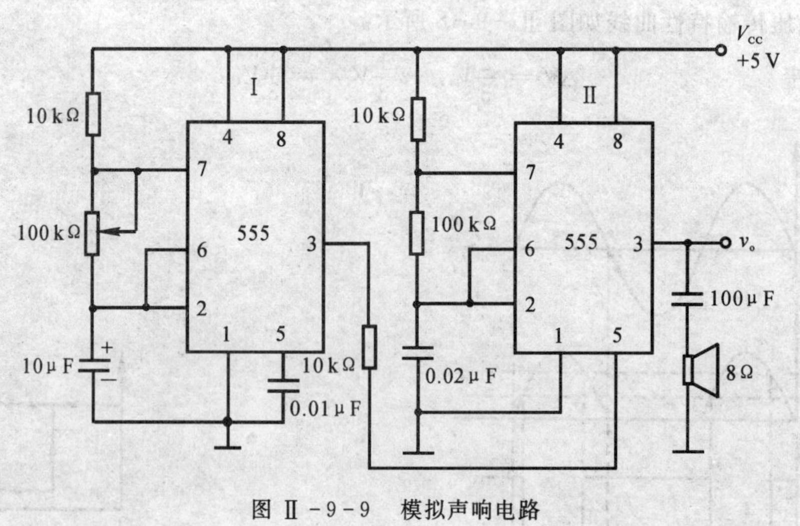

图Ⅱ-9-9　模拟声响电路

五、实验报告

(1) 绘出详细的实验线路图，定量绘出观测到的波形。
(2) 分析、总结实验结果。

六、实验预习要求

(1) 复习有关555定时器的工作原理及其应用。
(2) 拟定实验中所需的数据、表格等。
(3) 如何用示波器测定施密特触发器的电压传输特性曲线？
(4) 拟定各次实验的步骤和方法。

实验十　D/A 和 A/D 转换器

一、实验目的

(1) 了解 D/A 和 A/D 转换器的基本工作原理和基本结构。

(2) 掌握大规模集成 D/A 和 A/D 转换器的功能及其典型应用。

二、实验原理

在数字电子技术的很多应用场合往往需要把模拟量转换为数字量，称为模 / 数转换器(A/D 转换器，简称 ADC)；或把数字量转换成模拟量，称为数 / 模转换器(D/A 转换器，简称 DAC)。完成这种转换的线路有多种，特别是单片大规模集成 A/D 和 D/A 转换器问世，为实现上述的转换提供了极大的方便。使用者可借助于手册提供的器件性能指标及典型应用电路，即可正确使用这些器件。本实验将采用大规模集成电路 DAC0832 实现 D/A 转换，ADC0809 实现 A/D 转换。

1. D/A 转换器 DAC0832

DAC0832 是采用 CMOS 工艺制成的单片电流输出型 8 位数 / 模转换器。图 Ⅱ -10-1 所示是 DAC0832 的逻辑框图及引脚排列。

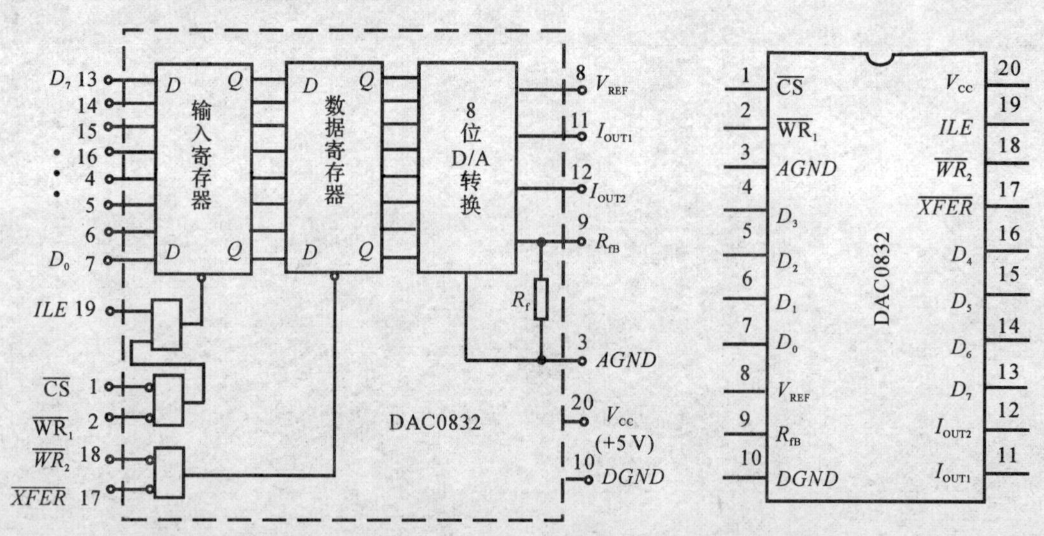

图 Ⅱ -10-1　DAC0832 单片 D/A 转换器逻辑框和引脚排列

器件的核心部分采用倒 T 型电阻网络的 8 位 D/A 转换器，如图 Ⅱ -10-2 所示。它是由倒 T 型 $R-2R$ 电阻网络、模拟开关、运算放大器和参考电压 V_{REF} 四部分组成。

运放的输出电压为

$$V_o = \frac{V_{REF} \cdot R_f}{2^n R}(D_{n-1} \cdot 2^{n-1} + D_{n-2} \cdot 2^{n-2} + \cdots + D_0 \cdot 2^0)$$

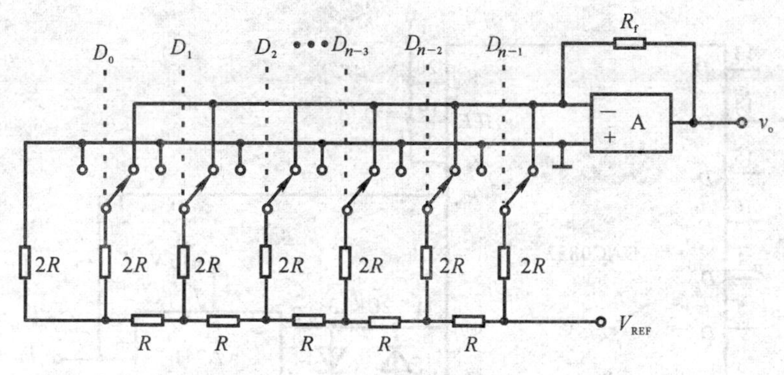

图 Ⅱ-10-2　倒 T 型电阻网络 D/A 转换电路

由上式可见，输出电压 V_o 与输入的数字量成正比，这就实现了从数字量到模拟量的转换。

一个 8 位的 D/A 转换器，它有 8 个输入端，每个输入端是 8 位二进制数的一位，有一个模拟输出端，输入可有 $2^8=256$ 个不同的二进制组态，输出为 256 个电压之一，即输出电压不是整个电压范围内任意值，而只能是 256 个可能值。

DAC0832 的引脚功能说明如下：

$D_0 \sim D_7$：数字信号输入端；

ILE：输入寄存器允许，高电平有效；

$\overline{CA}$：片选信号，低电平有效；

$\overline{WR}_1$：写信号 1，低电平有效；

$\overline{XFER}$：传送控制信号，低电平有效；

$\overline{WR}_2$：写信号 2，低电平有效；

I_{OUT1}，I_{OUT2}：DAC 电流输出端；

R_{fB}：反馈电阻，是集成在片内的外接运放的反馈电阻；

V_{REF}：基准电压（$-10 \sim +10$）V；

V_{CC}：电源电压（$+5 \sim +15$）V；

$AGND$：模拟地 > 可接在一起使用；

$NGND$：数字地；

DAC0832 输出的是电流，要转换为电压，还必须经过一个外接的运算放大器，实验线路如图 Ⅱ-10-3 所示。

2. A/D 转换器 ADC0809

ADC0809 是采用 CMOS 工艺制成的单片 8 位 8 通道逐次渐近型模 / 数转换器，其逻辑框图及引脚排列如图 Ⅱ-10-4 所示。

器件的核心部分是 8 位 A/D 转换器，它由比较器、逐次渐近寄存器、D/A 转换器及控制和定时五部分组成。

ADC0809 的引脚功能说明如下：

$IN_0 \sim IN_7$：8 路模拟信号输入端；

A_2，A_1，A_0：地址输入端；

ALE：地址锁存允许输入信号，在此脚施加正脉冲，上升沿有效，此时锁存地址码，从而选

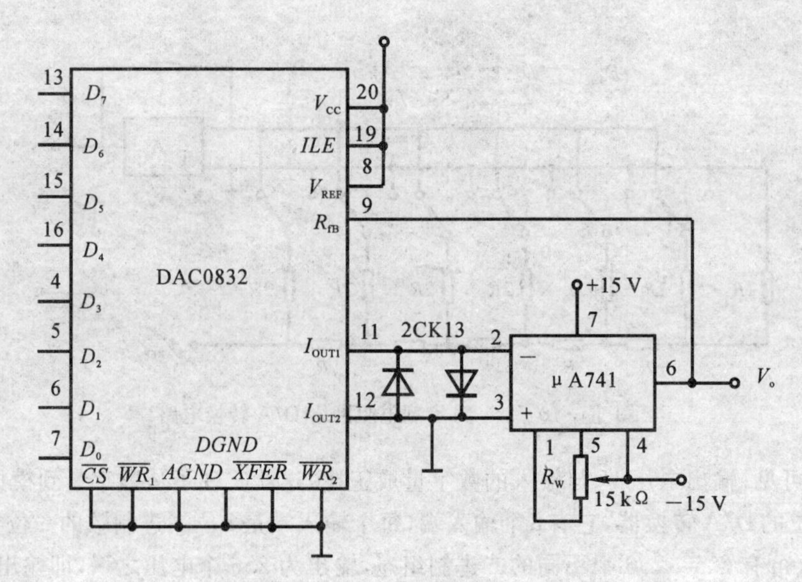

图 Ⅱ-10-3 D/A 转换器实验线路

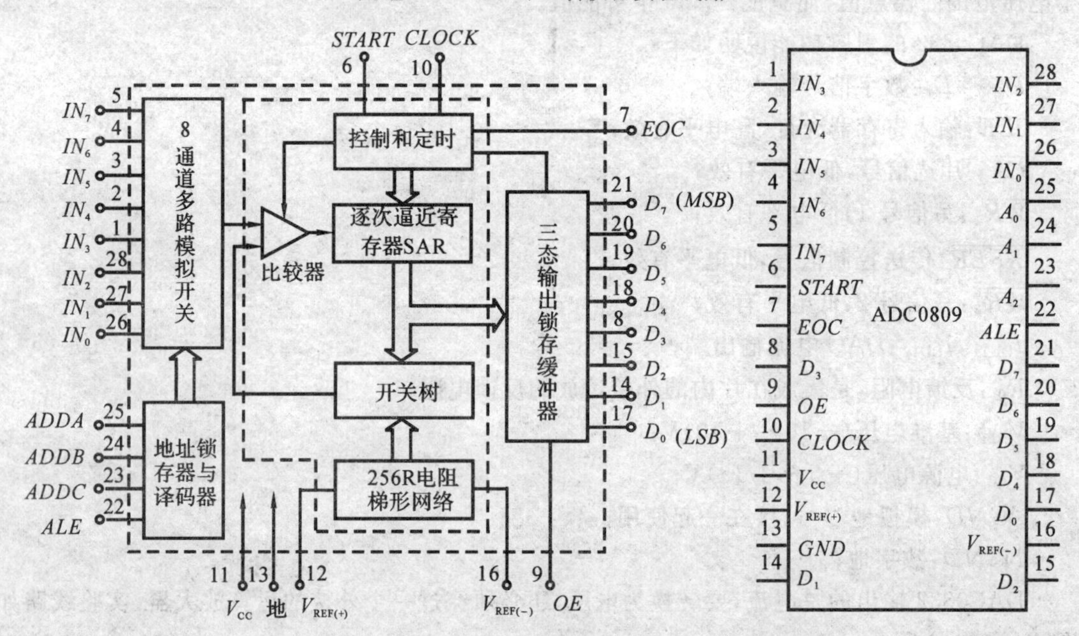

图 Ⅱ-10-4 ADC0809 转换器逻辑框图及引脚排列

通相应的模拟信号通道，以便进行 A/D 转换；

START：启动信号输入端，应在此脚施加正脉冲，当上升沿到达时，内部逐次逼近寄存器复位，在下降沿到达后，开始 A/D 转换过程；

EOC：转换结束输出信号（转换结束标志），高电平有效；

OE：输入允许信号，高电平有效；

CLOCK（*CP*）：时钟信号输入端，外接时钟频率一般为 640 kHz；

V_{CC}：+5 V 单电源供电；

V_{REF}(+)，V_{REF}(−)：基准电压的正极、负极。一般 V_{REF}(+) 接 +5 V 电源，V_{REF}(−) 接地；

$D_7 \sim D_0$:数字信号输出端。

(1) 模拟量输入通道选择。8 路模拟开关由 A_2,A_1,A_0 三地址输入端选通 8 路模拟信号中的任何一路进行 A/D 转换,地址译码与模拟输入通道的选通关系如表 Ⅱ-10-1 所示。

表 Ⅱ-10-1

被选模拟通道		IN_0	IN_1	IN_2	IN_3	IN_4	IN_5	IN_6	IN_7
地址	A_2	0	0	0	0	1	1	1	1
	A_1	0	0	1	1	0	0	1	1
	A_0	0	1	0	1	0	1	0	1

(2) D/A 转换过程。在启动端(*START*)加启动脉冲(正脉冲),D/A 转换即开始。如将启动端(*START*)与转换结束端(*EOC*)直接相连,转换将是连续的,在用这种转换方式时,开始应在外部加启动脉冲。

三、实验设备及器件

(1) +5 V,±15 V 直流电源。

(2) 双踪示波器。

(3) 计数脉冲源。

(4) 逻辑电平开关。

(5) 逻辑电平显示器。

(6) 直流数字电压表。

(7) DAC0832,ADC0809,μA741,电位器,电阻,电容若干。

四、实验内容

1. D/A 转换器——DAC0832

(1) 按图 Ⅱ-10-3 接线,电路接成直通方式,即 $\overline{CS}$,$\overline{WR}_1$,$\overline{WR}_2$,$\overline{XFER}$ 接地;ALE,V_{CC},V_{REF} 接 +5 V 电源;运放电源接 ±15 V;$D_0 \sim D_7$ 接逻辑开关的输出插口,输出端 v_o 接直流数字电压表。

(2) 调零,将 $D_0 \sim D_7$ 全置零,调节运放的电位器使 μA741 输出为零。

(3) 按表 Ⅱ-10-2 所列的输入数字信号,用数字电压表测量运放的输出电压 V_o,并将测量结果填入表中,并与理论值进行比较。

表 Ⅱ-10-2

输入数字量								输出模拟量 V_o/V
D_7	D_6	D_5	D_4	D_3	D_2	D_1	D_0	V_{CC} = +5 V
0	0	0	0	0	0	0	0	
0	0	0	0	0	0	0	1	
0	0	0	0	0	0	1	0	
0	0	0	0	0	1	0	0	
0	0	0	0	1	0	0	0	
0	0	0	1	0	0	0	0	
0	0	1	0	0	0	0	0	
0	1	0	0	0	0	0	0	
1	0	0	0	0	0	0	0	
1	1	1	1	1	1	1	1	

2. A/ D 转换器 ——ADC0809

按图 Ⅱ-10-5 接线。

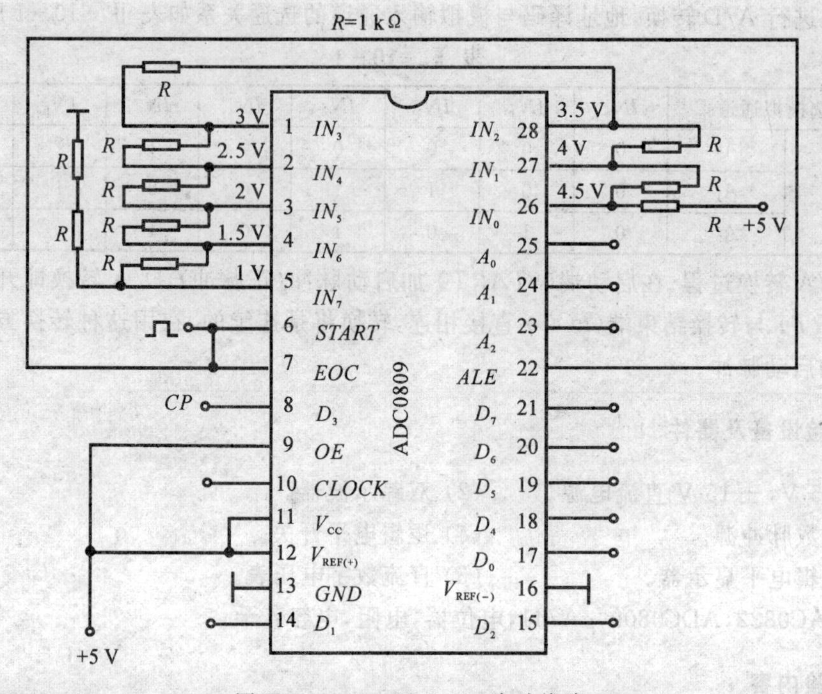

图 Ⅱ-10-5 ADC0809 实验线路

(1)8 路输入模拟信号 1 V～4.5 V,由+5 V 电源经电阻 R 分压组成;变换结果 $D_0 \sim D_7$ 接逻辑电平显示器输入插口,CP 时钟脉冲由计数脉冲源提供,取 $f = 100$ kHz;$A_0 \sim A_2$ 地址端接逻辑电平输出插口。

(2) 接通电源后,在启动端($START$) 加一正单次脉冲,下降沿一到即开始 A/D 转换。

(3) 按表 Ⅱ-10-3 的要求观察,记录 $IN_0 \sim IN_7$ 8 路模拟信号的转换结果,并将转换结果换算成十进制数表示的电压值,并与数字电压表实测的各路输入电压值进行比较,分析误差原因。

五、实验报告

整理实验数据,分析实验结果。

六、实验预习要求

(1) 复习 A/D、D/A 转换的工作原理。

(2) 熟悉 ADC0809,DAC0832 各引脚功能,使用方法。

(3) 绘好完整的实验线路和所需的实验记录表格。

(4) 拟定各个实验内容的具体实验方案。

表 Ⅱ-10-3

被选模拟通道	输入模拟量	地址			输出数字量								
IN	v_i/V	A_2	A_1	A_0	D_7	D_6	D_5	D_4	D_3	D_2	D_1	D_0	十进制
IN_0	4.5	0	0	0									
IN_1	4.0	0	0	1									
IN_2	3.5	0	1	0									
IN_3	3.0	0	1	1									
IN_4	2.5	1	0	0									
IN_5	2.0	1	0	1									
IN_6	1.5	1	1	0									
IN_7	1.0	1	1	1									

实训一　智力竞赛抢答装置

一、设计任务

(1) 学习数字电路中D触发器、分频电路、多谐振荡器、CP 时钟脉冲源等单元电路的综合运用。

(2) 熟悉智力竞赛抢赛器的工作原理。

(3) 了解简单数字系统实验、调试及故障排除方法。

二、实训原理

图 Ⅱ-s1-1 为供四人用的智力竞赛抢答装置线路,用以判断抢答优先权。

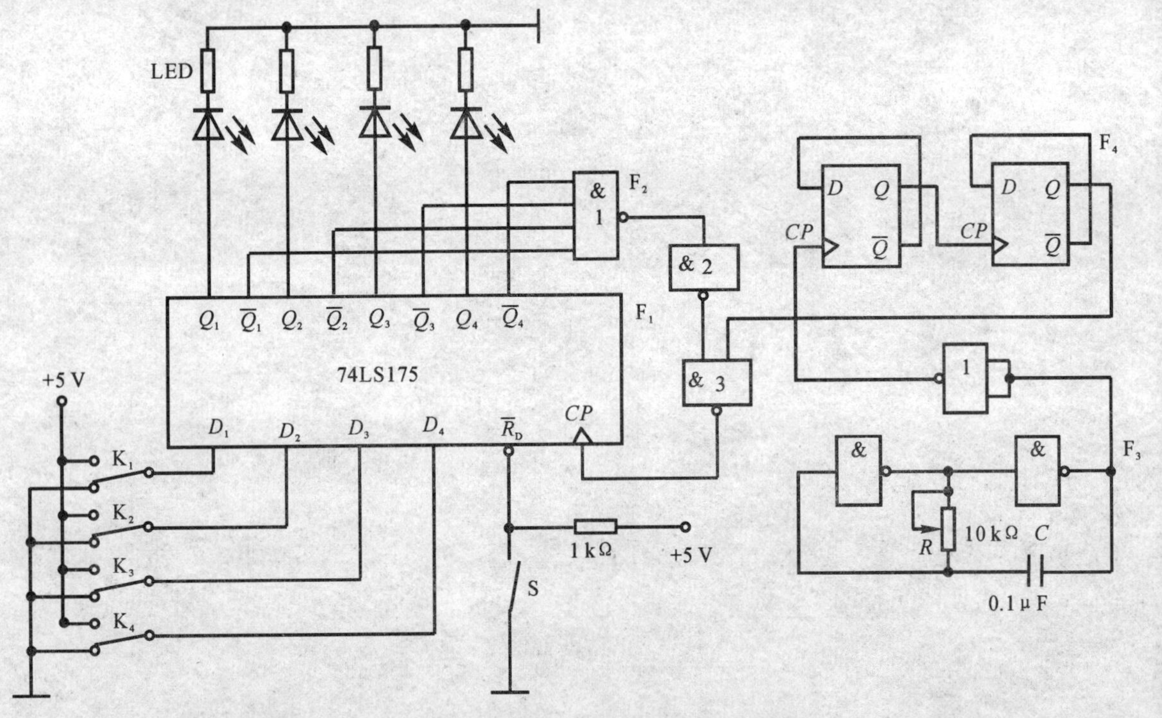

图 Ⅱ-s1-1　智力竞赛抢答装置原理图

图中 F_1 为四D触发器74LS175,具有公共置0端和公共 CP 端,引脚排列见附录;F_2 为双4输入与非门74LS20;F_3 是由74LS00组成的多谐振荡器;F_4 是由74LS74组成的四分频电路,F_3,F_4 组成抢答电路中的 CP 时钟脉冲源,抢答开始时,由主持人清除信号,按下复位开关 S,74LS175的输出 $Q_1 \sim Q_4$ 全为0,所有发光二极管LED均熄灭,当主持人宣布"抢答开始"后,首先作出判断的参赛者立即按下开关,对应的发光二极管点亮,同时,通过与非门 F_2 送出信号锁住其余三个抢答者的电路,不再接受其他信号,直到主持人再次清除信号为止。

三、实训设备与器件

(1) +5 V 直流电源。 (2) 逻辑电平开关。
(3) 逻辑电平显示器。 (4) 双踪示波器。
(5) 数字频率计。 (6) 直流数字电压表。
(7) 74LS175,74LS20,74LS74,74LS00。

四、实训内容

(1) 测试各触发器及各逻辑门的逻辑功能。试测方法参照数字部分实验一及实验六有关内容,判断器件的好坏。

(2) 按图Ⅱ-s1-1接线,抢答器五个开关接实验装置上的逻辑开关、发光二极管接逻辑电平显示器。

(3) 断开抢答器电路中*CP*脉冲源电路,单独对多谐振荡器 F_3 及分频器 F_4 进行调试,调整多谐振荡器 10 kΩ 电位器,使其输出脉冲频率约 4 kHz,观察 F_3 及 F_4 输出波形及测试其频率(参照实验十三有关内容)。

(4) 测试抢答器电路功能。接通 +5 电源,*CP* 端接实验装置上连续脉冲源,取重复频率约 1 kHz。

1) 抢答开始前,开关 K_1,K_2,K_3,K_4 均置“0”,准备抢答,将开关 S 置“0”,发光二极管全熄灭,再将 S 置“1”。抢答开始,K_1,K_2,K_3,K_4 某一开关置“1”,观察发光二极管的亮、灭情况,然后再将其他三个开关中任一个置“1”,观察发光二极的亮、灭有否改变。

2) 重复 1) 的内容,改变 K_1,K_2,K_3,K_4 任一个开关状态,观察抢答器的工作情况。

3) 整体测试。断开实验装置上的连续脉冲源,接入 F_3 及 F_4,再进行实验。

五、实训报告

(1) 分析智力竞赛抢答装置各部分功能及工作原理。
(2) 总结数字系统的设计、调试方法。
(3) 分析实训中出现的故障及解决办法。

六、实训预习要求

若在图Ⅱ-s1-1电路中加一个计时功能,要求计时电路显示时间精确到 s,最多限制为 2 min,一旦超出限时,则取消抢答权,电路如何改进。

实训二　电子秒表

一、设计任务

(1) 学习数字电路中基本RS触发器、单稳态触发器、时钟发生器及计数、译码显示等单元电路的综合应用。

(2) 学习电子秒表的调试方法。

二、实训原理

如图 Ⅱ－s2－1 所示为电子秒表的电原理图，按功能分成 4 个单元电路进行分析。

1. 基本 RS 触发器

图 Ⅱ－s2－1 中单元Ⅰ为用集成与非门构成的基本 RS 触发器。属低电平直接触发的触发器，有直接置位、复位的功能。

它的一路输出 $\bar{Q}$ 作为单稳态触发器的输入，另一路输出 Q 作为与非门 5 的输入控制信号。

按动按钮开关 K_2（接地），则门 1 输出 $\bar{Q}=1$；门 2 输出 $Q=0$，K_2 复位后 Q、$\bar{Q}$ 状态保持不变。再按动按钮开关 K_1，则 Q 由 0 变为 1，门 5 开启，为计数器启动作好准备。$\bar{Q}$ 由 1 变 0，送出负脉冲，启动单稳态触发器工作。

基本 RS 触发器在电子秒表中的职能是启动和停止秒表的工作。

2. 单稳态触发器

图 Ⅱ－s2－1 中单元 Ⅱ 为用集成与非门构成的微分型单稳态触发器，图 Ⅱ－s2－2 为各点波形图。

单稳态触发器的输入触发负脉冲信号 v_i 由基本 RS 触发器端提供，输出负脉冲 v_o 通过非门加到计数器的清除端 R。

静态时，门 4 应处于截止状态，故电阻 R 必须小于门的关门电阻 R_{off}。定时元件 RC 取值不同，输出脉冲宽度也不同。当触发脉冲宽度小于输出脉冲宽度时，可以省去输入微分电路的 R_P 和 C_P。

单稳态触发器在电子秒表中的职能是为计数器提供清零信号。

3. 时钟发生器

图 Ⅱ－s2－1 中单元 Ⅲ 为用 555 定时器构成的多谐振荡器，是一种性能较好的时钟源。

调节电位器 R_W，使在输出端 3 获得频率为 50 Hz 的矩形波信号，当基本 RS 触发器 $Q=1$ 时，门 5 开启，此时 50 Hz 脉冲信号通过门 5 作为计数脉冲加于计数器 ① 的计数输入端 CP_2。

4. 计数及译码显示

二—五—十进制加法计数器 74LS90 构成电子秒表的计数单元，如图 Ⅱ－s2－1 所示中单元Ⅳ所示。其中计数器 ① 接成五进制形式，对频率为 50 Hz 的时钟脉冲进行五分频，在输出端 Q_D 取得周期为 0.1 s 的矩形脉冲，作为计数器 ② 的时钟输入。计数器 ② 及计数器 ③ 接成 8421 码十进制形式，其输出端与实验装置上译码显示单元的相应输入端连接，可显示 0.1～

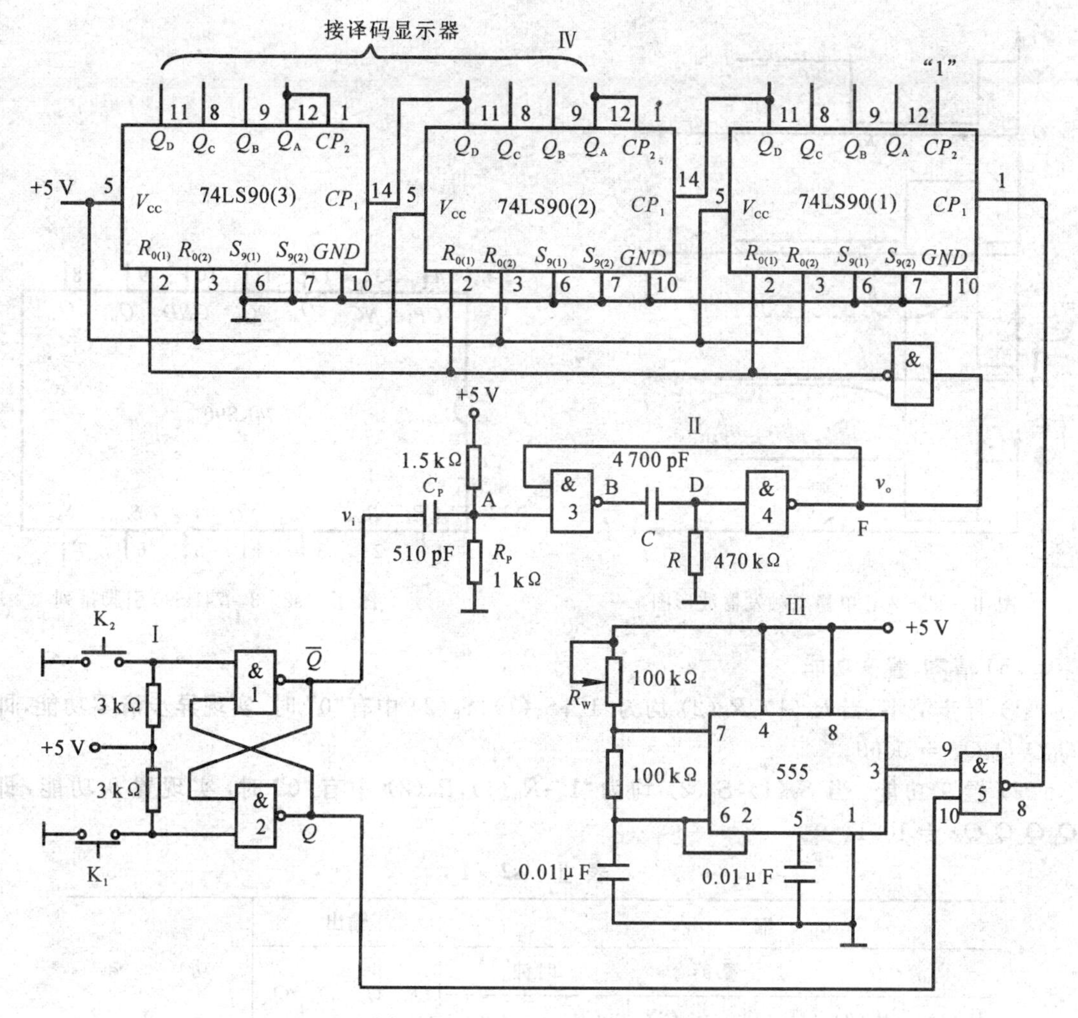

图 Ⅱ-s2-1　电子秒表原理图

0.9 s;1 ～ 9.9 s 计时。

注:集成异步计数器 74LS90。

74LS90 是异步二—五—十进制加法计数器,它既可以作二进制加法计数器,又可以作五进制和十进制加法计数器。

图 Ⅱ-s2-3 为 74*LS*90 引脚排列,表 Ⅱ-s2-1 为功能表。

通过不同的连接方式,74*LS*90 可以实现 4 种不同的逻辑功能;而且还可借助 $R_0(1)$,$R_0(2)$ 对计数器清零,借助 $S_9(1)$,$S_9(2)$ 将计数器置 9。其具体功能详述如下:

(1) 计数脉冲从 CP_1 输入,Q_A 作为输出端,为二进制计数器。

(2) 计数脉冲从 CP_2 输入,$Q_DQ_CQ_B$ 作为输出端,为异步五进制加法计数器。

(3) 若将 CP_2 和 Q_A 相连,计数脉冲由 CP_1 输入,Q_D,Q_C,Q_B,Q_A 作为输出端,则构成异步 8421 码十进制加法计数器。

(4) 若将 CP_1 与 Q_D 相连,计数脉冲由 CP_2 输入,Q_A,Q_D,Q_C,Q_B 作为输出端,则构成异步 8421 码十进制加法计数器。

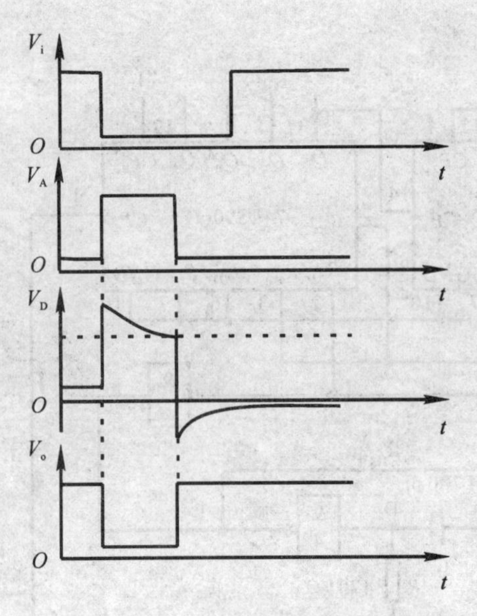

图 Ⅱ－s2－2　单稳态触发器波形图

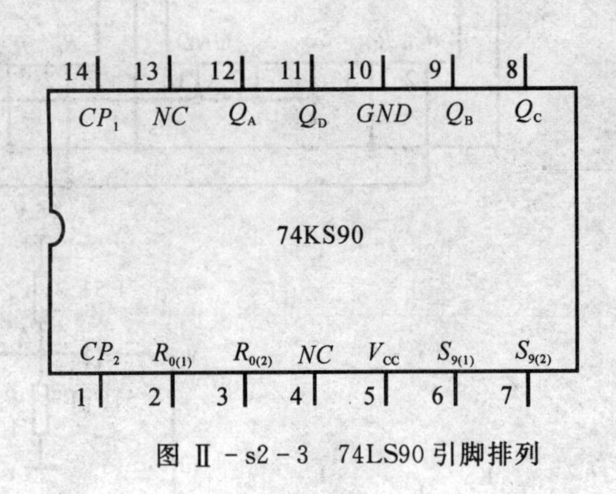

图 Ⅱ－s2－3　74LS90 引脚排列

(5) 清零、置 9 功能。

1) 异步清零。当 $R_0(1)$, $R_0(2)$ 均为“1”；$S_9(1)$, $S_9(2)$ 中有“0”时，实现异步清零功能，即 $Q_DQ_CQ_BQ_A = 0000$。

2) 置 9 功能。当 $S_9(1)$, $S_9(2)$ 均为“1”；$R_0(1)$, $R_0(2)$ 中有“0”时，实现置 9 功能，即 $Q_DQ_CQ_BQ_A = 1001$。

表 Ⅱ－s2－1

输入						输出	功能
清 0		置 9		时钟		Q_D Q_C Q_B Q_A	
$R_0(1)$	$R_0(2)$	$S_9(1)$	$S_9(2)$	CP_1	CP_2		
1	1	0 ×	× 0	×	×	0 0 0 0	清 0
0 ×	× 0	1	1	×	×	1 0 0 1	置 9
				$\downarrow$	1	Q_A 输出	二进制计数
				1	$\downarrow$	$Q_DQ_CQ_B$ 输出	五进制计数
0 ×	× 0	0 ×	× 0	$\downarrow$	Q_A	$Q_DQ_CQ_BQ_A$ 输出 8421BCD 码	十进制计数
				Q_D	$\downarrow$	$Q_AQ_DQ_CQ_B$ 输出 5421BCD 码	十进制计数
				1	1	不　变	保　持

三、实训设备及器件

(1) ＋5 V 直流电源。 (2) 双踪示波器。

(3) 直流数字电压表。 (4) 数字频率计。

(5) 单次脉冲源。 (6) 连续脉冲源。

(7) 逻辑电平开关。 (8) 逻辑电平显示器。

(9) 译码显示器。 (10) 74LS00 × 2,555 × 1,74LS90 × 3,电位器,电阻,电容若干。

四、实训内容

由于实训电路中使用器件较多,实训前必须合理安排各器件在实验装置上的位置,使电路逻辑清楚,接线较短。

实训时,应按照实训任务的次序,将各单元电路逐个进行接线和调试,即分别测试基本 RS 触发器、单稳态触发器、时钟发生器及计数器的逻辑功能,待各单元电路工作正常后,再将有关电路逐级连接起来进行测试,直到测试电子秒表整个电路的功能。

这样的测试方法有利于检查和排除故障,保证实验顺利进行。

1. 基本 RS 触发器的测试

测试方法参考数字部分实验六。

2. 单稳态触发器的测试

(1) 静态测试。用直流数字电压表测量 A,B,D,F 各点电势值,记录之。

(2) 动态测试。输入端接 1 kHz 连续脉冲源,用示波器观察并描绘 D 点(v_D)F 点(v_0)波形,如果单稳输出脉冲持续时间太短,难以观察,可适当加大微分电容 C(如改为 0.1 μF) 待测试完毕,再恢复为 4 700 P。

3. 时钟发生器的测试

测试方法参考数字部分实验九,用示波器观察输出电压波形并测量其频率,调节 R_W,使输出矩形波频率为 50 Hz。

4. 计数器的测试

(1) 计数器 ① 接成五进制形式,$R_0(1)$,$R_0(2)$,$S_9(1)$,$S_9(2)$ 接逻辑开关输出插口,CP_2 接单次脉冲源,CP_1 接高电平"1",Q_D ~ Q_A 接实验设备上译码显示输入端 D,C,B,A,按表 Ⅱ - 12 - 1 测试其逻辑功能,记录之。

(2) 计数器 ② 及计数器 ③ 接成 8421 码十进制形式,同内容(1) 进行逻辑功能测试。记录之。

(3) 将计数器 ①,②,③ 级连,进行逻辑功能测试。记录之。

5. 电子秒表的整体测试

各单元电路测试正常后,按图 Ⅱ - s2 - 1 把几个单元电路连接起来,进行电子秒表的总体测试。

先按一下按钮开关 K_2,此时电子秒表不工作,再按一下按钮开关 K_1,则计数器清零后便开始计时,观察数码管显示计数情况是否正常,如不需要计时或暂停计时,按一下开关 K_2,计时立即停止,但数码管保留所计时之值。

6. 电子秒表准确度的测试

利用电子钟或手表的秒计时对电子秒表进行校准。

五、实训报告

(1) 总结电子秒表整个调试过程。

(2) 分析调试中发现的问题及故障排除方法。

六、实训预习要求

(1) 复习数字电路中 *RS* 触发器,单稳态触发器、时钟发生器及计数器等部分内容。

(2) 除了本实验中所采用的时钟源外,选用另外两种不同类型的时钟源,可供本实验用。画出电路图,选取元器件。

(3) 列出电子秒表单元电路的测试表格。

(4) 列出调试电子秒表的步骤。

实训三　$3\frac{1}{2}$位直流数字电压表

一、设计任务

(1) 了解双积分式 A/D 转换器的工作原理。

(2) 熟悉位 A/D 转换器 CC14433 的性能及其引脚功能。

(3) 掌握用 CC14433 构成直流数字电压表的方法。

二、实训原理

直流数字电压表的核心器件是一个间接型 A/D 转换器，它首先将输入的模拟电压信号变换成易于准确测量的时间量，然后在这个时间宽度里用计数器计时，计数结果就是正比于输入模拟电压信号的数字量。

1. V－T 变换型双积分 A/D 转换器

图Ⅱ－s3－1是双积分 ADC 的控制逻辑框图。它由积分器(包括运算放大器 A_1 和 RC 积分网络)、过零比较器 A_2，N 位二进制计数器，开关控制电路，门控电路，参考电压 V_R 与时钟脉冲源 CP 组成。

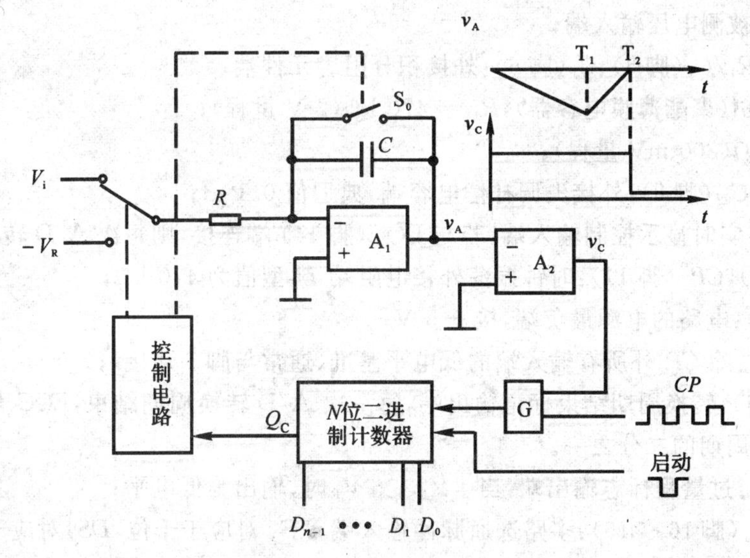

图Ⅱ－s3－1　双积分 ADC 原理框图

转换开始前，先将计数器清零，并通过控制电路使开关 S_0 接通，将电容 C 充分放电。由于计数器进位输出 $Q_C = 0$，控制电路使开关 S 接通 v_i，模拟电压与积分器接通，同时，门 G 被封锁，计数器不工作。积分器输出 v_A 线性下降，经零值比较器 A_2 获得一方波 v_C，打开门 G，计数器开始计数，当输入 2^n 个时钟脉冲后 $t = T_1$，各触发器输出端 $D_{n-1} \sim D_0$ 由 111…1 回到 000…0，其进位输出 $Q_C = 1$，作为定时控制信号，通过控制电路将开关 S 转换至基准电压源 $-V_R$，积分器向相反方向积分，v_A 开始线性上升，计数器重新从0开始计数，直到 $t = T_2$，v_A 下降到0，比较器输出的正方波结束，此时计数器中暂存二进制数字就是 v_i 相对应的二进制数码。

2.3 $\frac{1}{2}$ 位双积分 A/D 转换器 CC14433 的性能特点

CC14433 是 CMOS 双积分式位 A/D 转换器，它是将构成数字和模拟电路的约 7700 多个 MOS 晶体管集成在一个硅芯片上，芯片有 24 只引脚，采用双列直插式，其引脚排列与功能如图 Ⅱ-s3-2 所示。

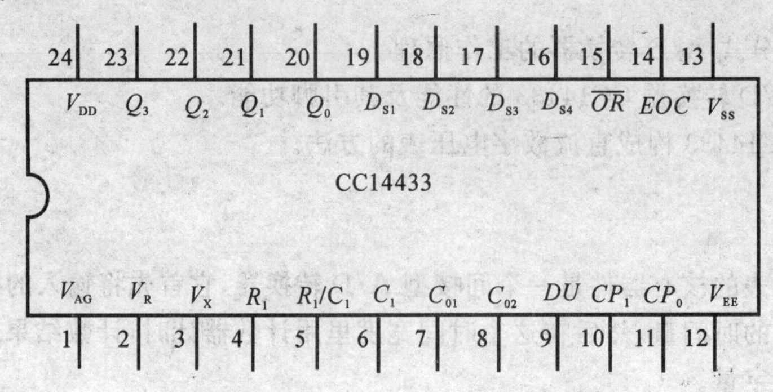

图 Ⅱ-s3-2 CC14433 引脚排列

引脚功能说明：

V_{AG}(脚 1)：被测电压 V_X 和基准电压 V_R 的参考地；

V_R(脚 2)：外接基准电压(2 V 或 200 mV) 输入端；

V_X(脚 3)：被测电压输入端；

R_1(脚 4)，R_1/C_1(脚 5)、C_1(脚 6)：外接积分阻容元件端；

$C_1 = 0.1\ \mu f$(聚酯薄膜电容器)，$R_1 = 470\ k\Omega$(2 V 量程)；

$R_1 = 27\ k\Omega$(200 mV 量程)；

C_{01}(脚 7)，C_{02}(脚 8)：外接失调补偿电容端，典型值 0.1 μf；

DU(脚 9)：实时显示控制输入端。若与 EOC(脚 14) 端连接，则每次 A/D 转换均显示；

CP_1(脚 10)，CP_0(脚 11)：时钟振荡外接电阻端，典型值为 470 kΩ；

V_{EE}(脚 12)：电路的电源最负端，接 −5 V；

V_{SS}(脚 13)：除 CP 外所有输入端的低电平基准(通常与脚 1 连接)；

EOC(脚 14)：转换周期结束标记输出端，每一次 A/D 转换周期结束，EOC 输出一个正脉冲，宽度为时钟周期的二分之一。

$\overline{OR}$(脚 15)：过量程标志输出端，当 $|V_X| > V_R$ 时，输出为低电平；

$DS_4 \sim DS_1$(脚 16 ~ 19)：多路选通脉冲输入端，DS_1 对应于千位，DS_2 对应于百位，DS_3 对应于十位，DS_4 对应于个位。

$Q_0 \sim Q_3$(脚 20 ~ 23)：BCD 码数据输出端，DS_2，DS_3，DS_4 选通脉冲期间，输出三位完整的十进制数，在 DS_1 选通脉冲期间，输出千位 0 或 1 及过量程、欠量程和被测电压极性标志信号。

CC14433 具有自动调零，自动极性转换等功能。可测量正或负的电压值。当 CP_1，CP_0 端接入 470 kΩ 电阻时，时钟频率 ≈ 66 kHz，每秒钟可进行 4 次 A/D 转换。它的使用调试简便，能与微处理机或其他数字系统兼容，广泛用于数字面板表，数字万用表，数字温度计，数字量具及遥测、遥控系统。

3.3 $\frac{1}{2}$ 位直流数字电压表的组成(实训线路)

线路结构如图 Ⅱ-s3-3 所示。

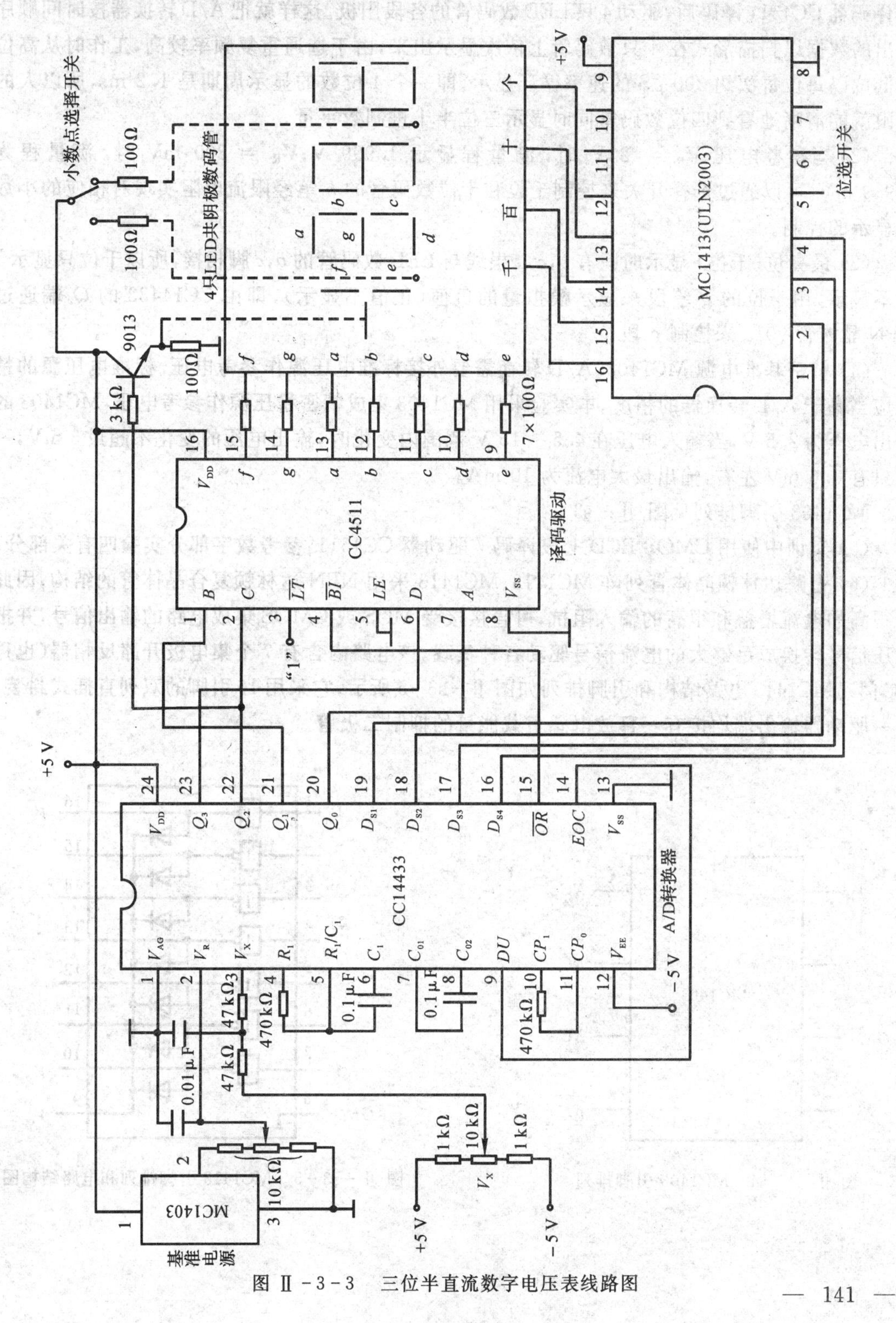

图 Ⅱ-3-3　三位半直流数字电压表线路图

(1) 被测直流电压V_X经A/D转换后以动态扫描形式输出，数字量输出端$Q_0\ Q_1\ Q_2\ Q_3$上的数字信号(8421码)按照时间先后顺序输出。位选信号DS_1，DS_2，DS_3，DS_4通过位选开关MC1413分别控制着千位、百位、十位和个位上的4只LED数码管的公共阴极。数字信号经七段译码器CC4511译码后，驱动4只LED数码管的各段阳极。这样就把A/D转换器按时间顺序输出的数据以扫描形式在4只数码管上依次显示出来，由于选通重复频率较高，工作时从高位到低位以每位每次约300 μS的速率循环显示。即一个4位数的显示周期是1.2 ms，所以人的肉眼就能清晰地看到四位数码管同时显示三位半十进制数字量。

(2) 当参考电压V_R = 2 V时，满量程显示1.999 V；V_R = 200 mV时，满量程为199.9 mV。可以通过选择开关来控制千位和十位数码管的h笔经限流电阻实现对相应的小数点显示的控制。

(3) 最高位(千位)显示时只有b,c二根线与LED数码管的b,c脚相接，所以千位只显示1或不显示，用千位的g笔段来显示模拟量的负值(正值不显示)，即由CC14433的Q_2端通过NPN晶体管9013来控制g段。

(4) 精密基准电源MC1403。A/D转换需要外接标准电压源作参考电压。标准电压源的精度应当高于A/D转换器的精度。本实验采用MC1403集成精密稳压源作参考电压，MC1403的输出电压为2.5 V，当输入电压在4.5～15 V范围内变化时，输出电压的变化不超过3 mV，一般只有0.6 mV左右，输出最大电流为10 mA。

MC1403引脚排列见图Ⅱ-s3-4。

(5) 实训中使用CMOS BCD七段译码/驱动器CC4511，参考数字部分实验四有关部分。

(6) 七路达林顿晶体管列阵MC1413。MC1413采用NPN达林顿复合晶体管的结构，因此有很高的电流增益和很高的输入阻抗，可直接接受MOS或CMOS集成电路的输出信号，并把电压信号转换成足够大的电流信号驱动各种负载。该电路内含有7个集电极开路反相器(也称OC门)。MC1413电路结构和引脚排列如图Ⅱ-s3-5所示，它采用16引脚的双列直插式封装。每一驱动器输出端均接有一释放电感负载能量的抑制二极管。

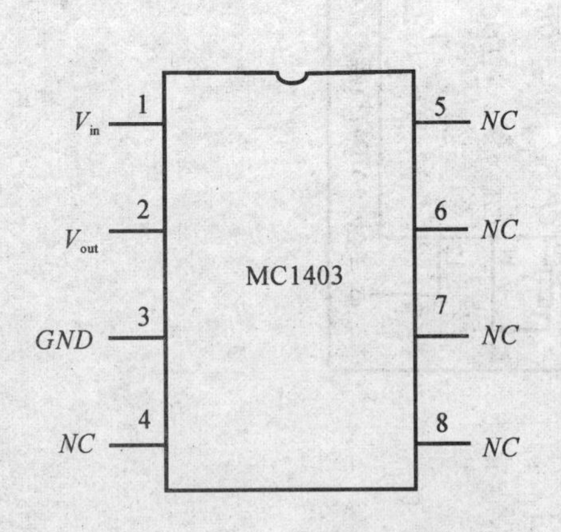

图Ⅱ-s3-4　MC1403引脚排列

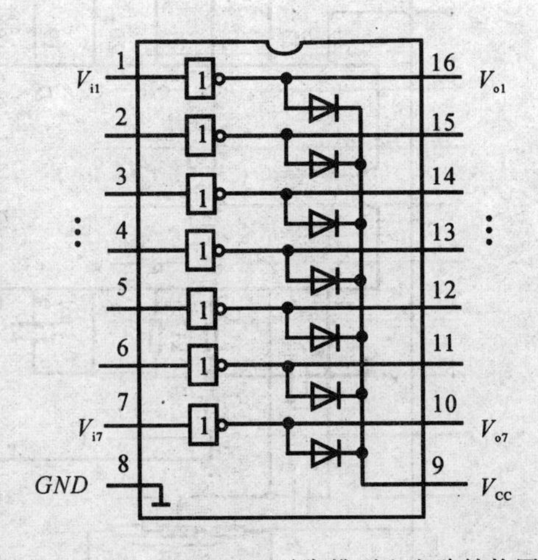

图Ⅱ-s3-5　MC1413引脚排列和电路结构图

三、实训设备及器件

(1) ±5 V 直流电源。　(2) 双踪示波器。

(3) 直流数字电压表。　(4) 按线路图 Ⅱ - s3 - 3 要求自拟元、器件清单。

四、实训内容

本实训要求按图 Ⅱ - s3 - 3 组装并调试好一台三位半直流数字电压表,实训时应一步步地进行。

1. 数码显示部分的组装与调试

(1) 建议将 4 只数码管插入 40 P 集成电路插座上,将 4 个数码管同名笔划段与显示译码的相应输出端连在一起,其中最高位只要将 b,c,g 三笔划段接入电路,按图 Ⅱ - s3 - 3 接好连线,但暂不插所有的芯片,待用。

(2) 插好芯片 CC4511 与 MC1413,并将 CC4511 的输入端 A,B,C,D 接至拨码开关对应的 A,B,C,D 四个插口处;将 MC1413 的 1,2,3,4 脚接至逻辑开关输出插口上。

(3) 将 MC1413 的 2 脚置"1",1,3,4 脚置"0",接通电源,拨动码盘(按"+"或"-"键)自 0 ～ 9 变化,检查数码管是否按码盘的指示值变化。

(4) 按实训原理说明 3(5) 项的要求,检查译码显示是否正常。

(5) 分别将 MC1413 的 3,4,1 脚单独置"1",重复(3) 的内容。

如果所有 4 位数码管显示正常,则去掉数字译码显示部分的电源,备用。

2. 标准电压源的连接和调整

插上 MC1403 基准电源,用标准数字电压表检查输出是否为 2.5 V,然后调整 10 kΩ 电位器,使其输出电压为 2.00 V,调整结束后去掉电源线,供总装时备用。

3. 总装总调

(1) 插好芯片 MC14433,接图 Ⅱ - s3 - 3 接好全部线路。

(2) 将输入端接地,接通 +5 V,-5 V 电源(先接好地线),此时显示器将显示"000"值,如果不是,应检测电源正负电压。用示波器测量、观察 D_{S1} ～ D_{S4},Q_0 ～ Q_3 波形,判别故障所在。

(3) 用电阻、电位器构成一个简单的输入电压 V_X 调节电路,调节电位器,4 位数码将相应变化,然后进入下一步精调。

(4) 用标准数字电压表(或用数字万用表代) 测量输入电压,调节电位器,使 $V_X = 1.000$ V,这时被调电路的电压指示值不一定显示"1.000",应调整基准电压源,使指示值与标准电压表误差个位数在 5 之内。

(5) 改变输入电压 V_X 极性,使 $V_i = -1.000$ V,检查"-"是否显示,并按(4) 方法校准显示值。

(6) 在 +1.999 V ～ 0 ～ -1.999 V 量程内再一次仔细调整(调基准电源电压) 使全部量程内的误差个位数不超过 5。

至此一个测量范围在 ±1.999 的三位半数字直流电压表调试成功。

4. 记录

记录输入电压为 ±1.999,±1.500,±1.000,±0.500,0.000 时(标准数字电压表的读数) 被调数字电压表的显示值,列表记录之。

5. 测量

用自制数字电压表测量正、负电源电压。如何测量，试设计扩程测量电路。

*6. 选作

若积分电容 C_1、C_{02}(0.1 μF) 换用普通金属化纸介电容时，观察测量精度的变化。

五、实训报告

(1) 绘出三位半直流数字电压表的电路接线图。

(2) 阐明组装、调试步骤。

(3) 说明调试过程中遇到的问题和解决的方法。

(4) 组装、调试数字电压表的心得体会。

六、实训预习要求

(1) 本实验是一个综合性实验，应作好充分准备。

(2) 仔细分析图 Ⅱ-s3-3 各部分电路的连接及其工作原理。

(3) 参考电压 V_R 上升，显示值增大还是减少？

(4) 要使显示值保持某一时刻的读数，电路应如何改动？

实训四　数字频率计

数字频率计是用于测量信号(方波、正弦波或其他脉冲信号)的频率,并用十进制数字显示,它具有精度高,测量迅速,读数方便等优点。

一、工作原理

脉冲信号的频率就是在单位时间内所产生的脉冲个数,其表达式为 $f = N/T$,其中 f 为被测信号的频率,N 为计数器所累计的脉冲个数,T 为产生 N 个脉冲所需的时间。计数器所记录的结果,就是被测信号的频率。如在1 s内记录1 000个脉冲,则被测信号的频率为1 000 Hz。

本实验课题仅讨论一种简单易制的数字频率计,其原理方框图如图 Ⅱ-s4-1 所示。

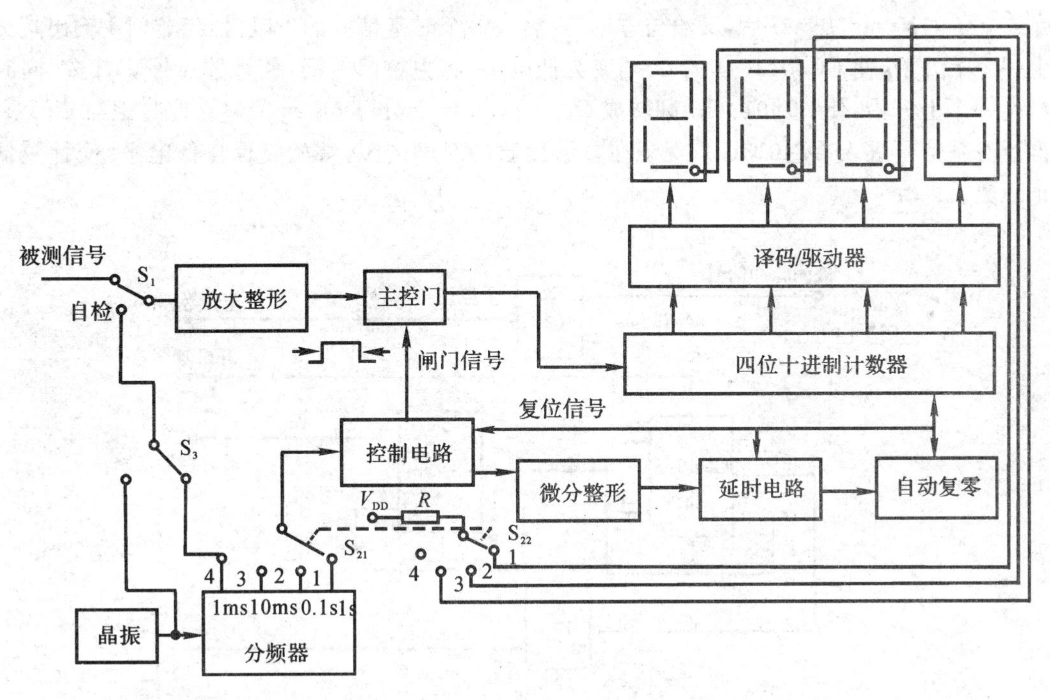

图 Ⅱ-s4-1　数字频率计原理框图

晶振产生较高的标准频率,经分频器后可获得各种时基脉冲(1 ms,10 ms,0.1 s,1 s等),时基信号的选择由开关 S_2 控制。被测频率的输入信号经放大整形后变成矩形脉冲加到主控门的输入端,如果被测信号为方波,放大整形可以不要,将被测信号直接加到主控门的输入端。时基信号经控制电路产生闸门信号至主控门,只有在闸门信号采样期间内(时基信号的一个周期),输入信号才通过主控门。若时基信号的周期为 T,进入计数器的输入脉冲数为 N,则被测信号的频率 $f = N / T$,改变时基信号的周期 T,即可得到不同的测频范围。当主控门关闭时,计数器停止计数,显示器显示记录结果。此时控制电路输出一个置零信号,经延时、整形电路的延时,当达到所调节的延时时间时,延时电路输出一个复位信号,使计数器和所有的触发器置

0，为后续新的一次取样作好准备，即能锁住一次显示的时间，使保留到接受新的一次取样为止。

当开关 S_2 改变量程时，小数点能自动移位。

若开关 S_1，S_3 配合使用，可将测试状态转为“自检”工作状态（即用时基信号本身作为被测信号输入）。

二、有关单元电路的设计及工作原理

1. 控制电路

控制电路与主控门电路如图 Ⅱ－s4－2 所示。

主控电路由双 D 触发器 CC4013 及与非门 CC4011 构成。CC4013(a) 的任务是输出闸门控制信号，以控制主控门 ② 的开启与关闭。如果通过开关 S_2 选择一个时基信号，当给与非门 ① 输入一个时基信号的下降沿时，门 1 就输出一个上升沿，则 CC4013(a) 的 Q_1 端就由低电平变为高电平，将主控门 ② 开启。允许被测信号通过该主控门并送至计数器输入端进行计数。相隔 1 s（或 0.1 s，10 ms，1 ms）后，又给与非门 ① 输入一个时基信号的下降沿，与非门 1 输出端又产生一个上升沿，使 CC4013(a) 的 Q_1 端变为低电平，将主控门关闭，使计数器停止计数，同时端产生一个上升沿，使 CC4013(b) 翻转成 $Q_2=1$，$\bar{Q}_2=0$，由于 $\bar{Q}_2=0$，它立即封锁与非门 ① 不再让时基信号进入 CC4013(a)，保证在显示读数的时间内 Q_1 端始终保持低电平，使计数器停止计数。

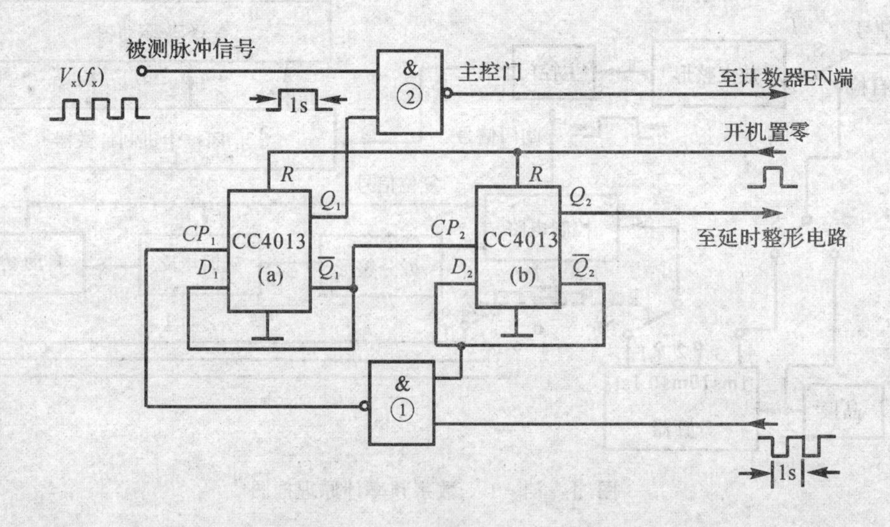

图 Ⅱ－s4－2　控制电路及主控门电路

利用 Q_2 端的上升沿送到下一级的延时、整形单元电路。当到达所调节的延时时间时，延时电路输出端立即输出一个正脉冲，将计数器和所有 D 触发器全部置 0。复位后，$Q_1=0$，$\bar{Q}_1=1$，为下一次测量作好准备。当时基信号又产生下降沿时，则上述过程重复。

2. 微分、整形电路

电路如图 Ⅱ－s4－3 所示。CC4013(b) 的 Q_2 端所产生的上升沿经微分电路后，送到由与非门 CC4011 组成的斯密特整形电路的输入端，在其输出端可得到一个边沿十分陡峭且具有一定脉冲宽度的负脉冲，然后再送至下一级延时电路。

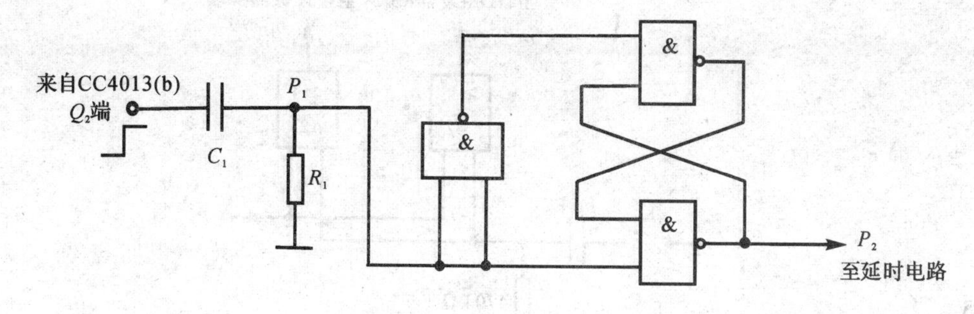

图 Ⅱ-s4-3　微分、整形电路

3. 延时电路

延时电路由 D 触发器 CC4013(c)、积分电路(由电位器 R_{W1} 和电容器 C_2 组成)、非门 ③ 以及单稳态电路所组成，如图 Ⅱ-s4-4 所示。由于 CC4013(c) 的 D_3 端接 V_{DD}，因此，在 P_2 点所产生的上升沿作用下，CC4013(c) 翻转，翻转后 = 0，由于开机置"0"时或门 ①(见图 Ⅱ-s4-5)输出的正脉冲将 CC4013(c) 的 Q_3 端置"0"，因此 $\overline{Q}_3 = 1$，经二极管 2AP9 迅速给电容 C_2 充电，使 C_2 二端的电压达"1"电平，而此时 $\overline{Q}_3 = 0$，电容器 C_2 经电位器 R_{W1} 缓慢放电。当电容器 C_2 上的电压放电降至非门 ③ 的阈值电平 V_T 时，非门 ③ 的输出端立即产生一个上升沿，触发下一级单稳态电路。此时，P_3 点输出一个正脉冲，该脉冲宽度主要取决于时间常数 R_tC_t 的值，延时时间为上一级电路的延时时间及这一级延时时间之和。

由实验求得，如果电位器 R_{W1} 用 510 Ω 的电阻代替，C_2 取 3 μf，则总的延迟时间也就是显示器所显示的时间为 3 s 左右。如果电位器 R_{W1} 用 2 MΩ 的电阻取代，C_2 取 22 μf，则显示时间可达 10 s 左右。可见，调节电位器 R_{W1} 可以改变显示时间。

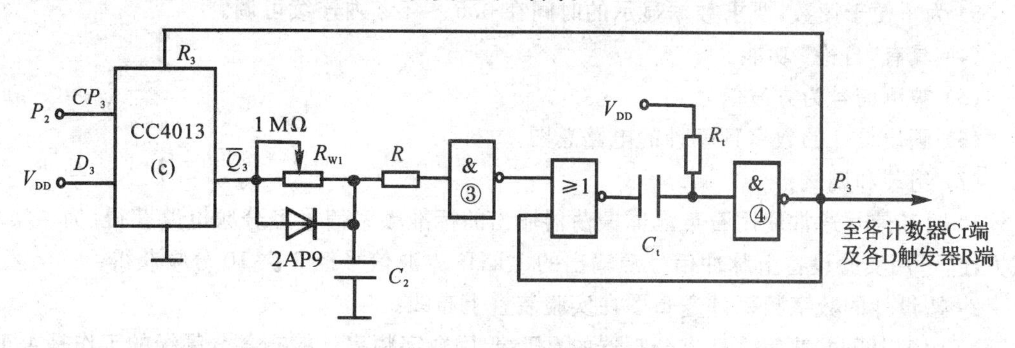

图 Ⅱ-s4-4　延时电路

4. 自动清零电路

P_3 点产生的正脉冲送到图 Ⅱ-s4-5 所示的或门组成的自动清零电路，将各计数器及所有的触发器置零。在复位脉冲的作用下，$Q_3 = 0$，$\overline{Q}_3 = 1$，于是 $\overline{Q}_3$ 端的高电平经二极管 2AP9 再次对电容 C_2 电，补上刚才放掉的电荷，使 C_2 两端的电压恢复为高电平，又因为 CC4013(b) 复位后使 Q_2 再次变为高电平，所以与非门 ① 又被开启，电路重复上述变化过程。

三、设计任务和要求

使用中、小规模集成电路设计与制作一台简易的数字频率计。应具有下述功能：

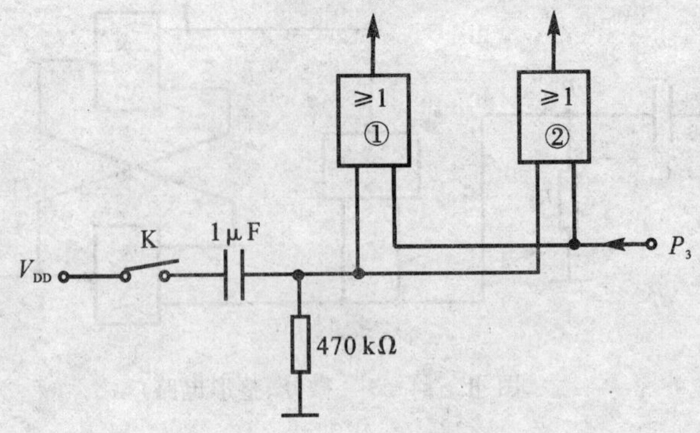

图 Ⅱ－s4－5　自动清零电路

(1) 位数：计 4 位十进制数。计数位数主要取决于被测信号频率的高低，如果被测信号频率较高，精度又较高，可相应增加显示位数。

(2) 量程：

第一挡：最小量程挡，最大读数是 9.999 kHz，闸门信号的采样时间为 1 s。

第二挡：最大读数为 99.99 kHz，闸门信号的采样时间为 0.1 s。

第三挡：最大读数为 999.9 kHz，闸门信号的采样时间为 10 ms。

第四挡：最大读数为 9 999 kHz，闸门信号的采样时间为 1 ms。

(3) 显示方式：

1) 用 7 段 LED 数码管显示读数，做到显示稳定、不跳变。

2) 小数点的位置跟随量程的变更而自动移位。

3) 为了便于读数，要求数据显示的时间在 0.5 ～ 5 s 内连续可调。

(4) 具有“自检”功能。

(5) 被测信号为方波信号。

(6) 画出设计的数字频率计的电路总图。

(7) 组装和调试：

1) 时基信号通常使用石英晶体振荡器输出的标准频率信号经分频电路获得。为了实验调试方便，可用实验设备上脉冲信号源输出的 1 kHz 方波信号经 3 次 10 分频获得。

2) 按设计的数字频率计逻辑图在实验装置上布线。

3) 用 1 kHz 方波信号送入分频器的 *CP* 端，用数字频率计检查各分频级的工作是否正常。用周期为 1 s 的信号作控制电路的时基信号输入，用周期等于 1 ms 的信号作被测信号，用示波器观察和记录控制电路输入、输出波形，检查控制电路所产生的各控制信号能否按正确的时序要求控制各个子系统。用周期为 1 s 的信号送入各计数器的 *CP* 端，用发光二极管指示检查各计数器的工作是否正常。用周期为 1 s 的信号作延时、整形单元电路的输入，用两只发光二极管作指示，检查延时、整形单元电路的输入，用两只发光二极管作指示，检查延时、整形单元电路的工作是否正常。若各个子系统的工作都正常了，再将各子系统连起来统调。

(8) 调试合格后，写出综合实验报告。

四、实训设备与器件

(1) ＋5 V 直流电源。 (2) 双踪示波器。

(3) 连续脉冲源。 (4) 逻辑电平显示器。

(5) 直流数字电压表。 (6) 数字频率计。

(7) 主要元、器件(供参考)：

CC4518(二 — 十进制同步计数器) 4只

CC4553(三位十进制计数器) 2只

CC4013(双D型触发器) 2只

CC4011(四2输入与非门) 2只

CC4069(六反相器) 1只

CC4001(四2输入或非门) 1只

CC4071(四2输入或门) 1只

2AP9(二极管) 1只

电位器(1 MΩ) 1只

电阻、电容 若干

注：

1. 若测量的频率范围低于1 MHz，分辨率为1 Hz，建议采用如图Ⅱ－s4－6所示的电路，只要选择参数正确，连线无误，通电后即能正常工作，无需调试。有关它的工作原理留给同学们自行研究分析。

2. CC4553三位十进制计数器引脚排列及功能如图Ⅱ－s4－6、图Ⅱ－s4－7及表Ⅱ－s4－1所示。

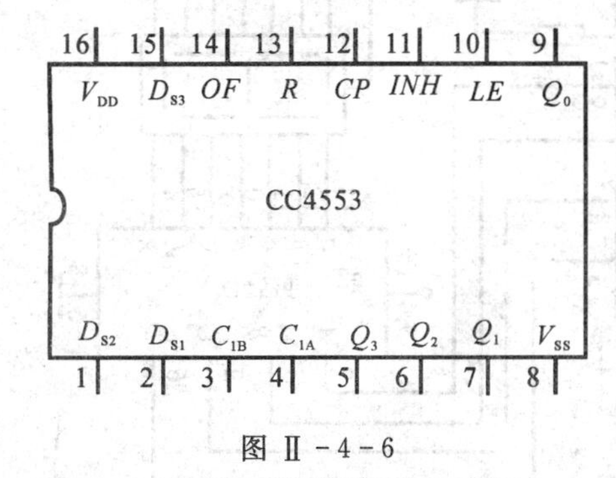

图Ⅱ－4－6

其中 CP—— 时钟输入端；

INH—— 时钟禁止端；

LE—— 锁存允许端；

R—— 清除端；

$DS_1 \sim DS_3$—— 数据选择输出端；

OF—— 溢出输出端；

C_{1A}，C_{1B}—— 振荡器外接电容器；

$Q_0 \sim Q_3$——BCD码输出端。

表Ⅱ－s4－1

输入				输　出
R	CP	INH	LE	
0	↑	0	0	不变
0	↓	0	0	计数
0	×	1	×	不变
0	1	↑	0	计数
0	1	↓	0	不变
0	0	×	×	不变
0	×	×	↑	锁存
0	×	×	1	锁存
1	×	×	0	$Q_0 \sim Q_3 = 0$

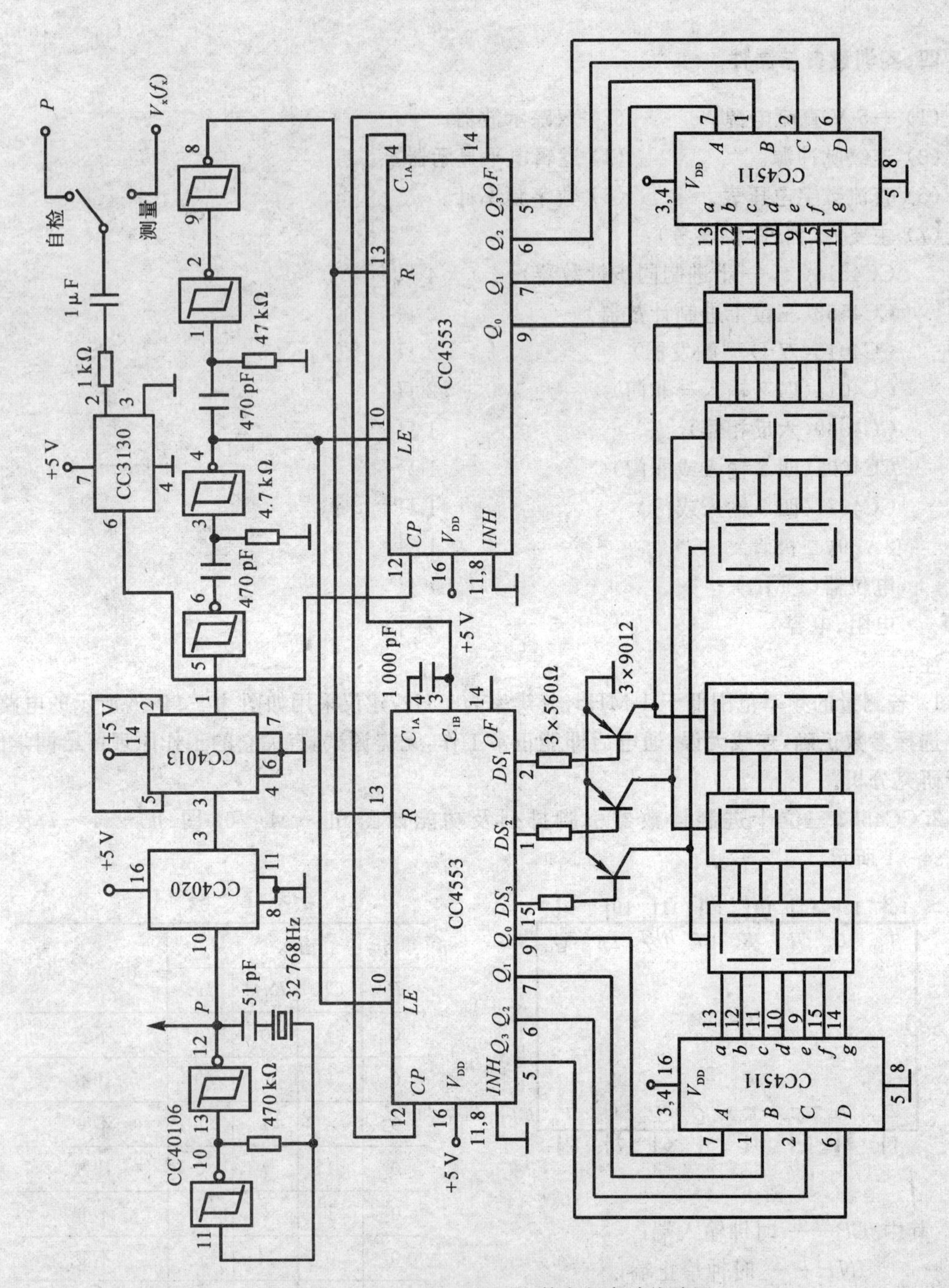

图 Ⅱ - s4 - 7　0 ～ 999 999 Hz 数字频率计线路图

实训五　拔河游戏机

一、设计任务

给定实训设备和主要元器件，按照电路的各部分组合成一个完整的拔河游戏机。

(1) 拔河游戏机需用15个(或9个)发光二极管排列成一行，开机后只有中间一个点亮，以此作为拔河的中心线，游戏双方各持一个按键，迅速地、不断地按动产生脉冲，谁按得快，亮点向谁方向移动，每按一次，亮点移动一次。移到任一方终端二极管点亮，这一方就得胜，此时双方按键均无作用，输出保持，只有经复位后才使亮点恢复到中心线。

(2) 显示器显示胜者的盘数。

二、实训电路

(1) 实训电路框图如图 Ⅱ-s5-1 所示。

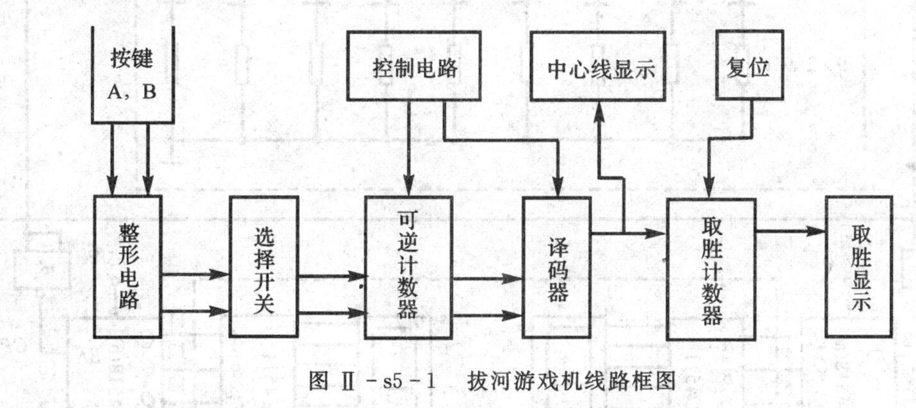

图 Ⅱ-s5-1　拔河游戏机线路框图

(2) 整机电路图见图 Ⅱ-s5-2。

三、实训设备及元器件

(1) ＋5 V直流电源。　　　(2) 译码显示器。

(3) 逻辑电平开关。

(4) CC4514 4线－16线译码/分配器，CC40193同步递增/递减二进制计数器，CC4518十进制计数器，CC4081与门CC4011×3与非门，CC4030异或门，电阻1 K×4。

四、设计步骤

图 Ⅱ-s5-2为拔河游戏机整机线路图。

可逆计数器CC40193原始状态输出4位二进制数0000，经译码器输出使中间的一只发光二极管点亮。当按动 A,B 两个按键时，分别产生两个脉冲信号，经整形后分别加到可逆计数器上，可逆计数器输出的代码经译码器译码后驱动发光二极管点亮并产生位移，当亮点移到任何

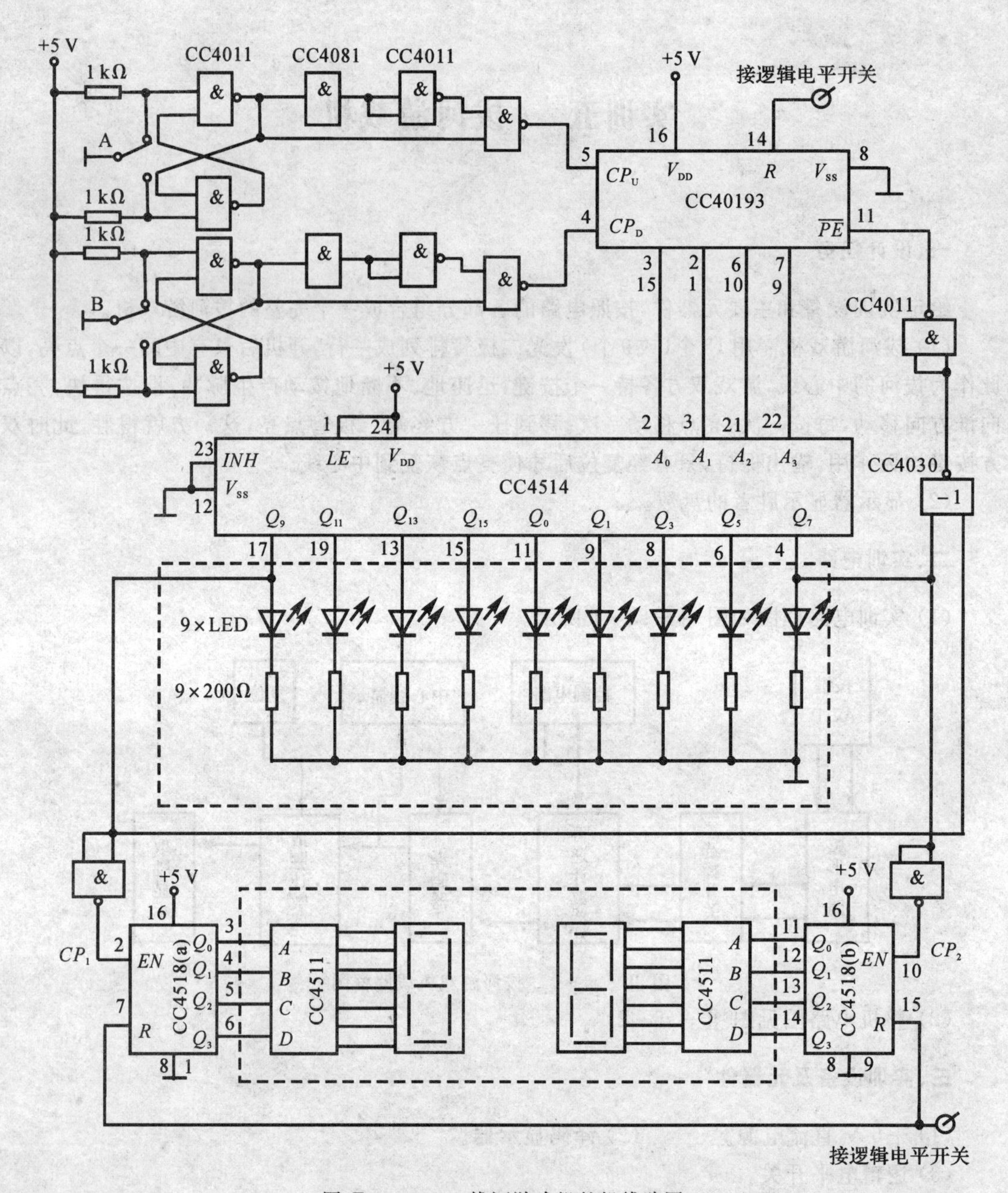

图 Ⅱ-s5-2　拔河游戏机整机线路图

一方终端后，由于控制电路的作用，使这一状态被锁定，而对输入脉冲不起作用。如按动复位键，亮点又回到中点位置，比赛又可重新开始。

将双方终端二极管的正端分别经两个与非门后接至两个十进制计数器 CC4518 的允许控制端 *EN*，当任一方取胜，该方终端二极管点亮，产生一个下降沿使其对应的计数器计数。这样，计数器的输出即显示了胜者取胜的盘数。

1. 编码电路

编码器有两个输入端，四个输出端，要进行加／减计数，因此选用 CC40193 双时钟二进制同步加/减计数器来完成。

2. 整形电路

CC40193是可逆计数器，控制加减的CP脉冲分别加至脚5和脚4，此时当电路要求进行加法计数时，减法输入端CP_D必须接高电平；进行减法计数时，加法输入端CP_U也必须接高电平，若直接由A，B键产生的脉冲加到脚5或脚4，那么就有很多时机在进行计数输入时另一计数输入端为低电平，使计数器不能计数，双方按键均失去作用，拔河比赛不能正常进行。加一整形电路，使A、B二键出来的脉冲经整形后变为一个占空比很大的脉冲，这样就减少了进行某一计数时另一计数输入为低电平的可能性，从而使每按一次键都有可能进行有效的计数。整形电路由与门CC4081和与非门CC4011实现。

3. 译码电路

选用4线—16线CC4514译码器。译码器的输出$Q_0 \sim Q_{14}$分接15个(或9个)个发光二极管，二极管的负端接地，而正端接译码器；这样，当输出为高电平时发光二极管点亮。

比赛准备，译码器输入为0000，Q_0输出为"1"，中心处二极管首先点亮，当编码器进行加法计数时，亮点向右移，进行减法计数时，亮点向左移。

4. 控制电路

为指示出谁胜谁负，需用一个控制电路。当亮点移到任何一方的终端时，判该方为胜，此时双方的按键均宣告无效。此电路可用异或门CC4030和非门CC4011来实现。将双方终端二极管的正极接至异或门的两个输入端，当获胜一方为"1"，而另一方则为"0"，异或门输出为"1"，经非门产生低电平"0"，再送到CC40193计数器的置数端$\overline{PE}$，于是计数器停止计数，处于预置状态，由于计数器数据端A，B，C，D和输出端Q_A，Q_B，Q_C，Q_D对应相连，输入也就是输出，从而使计数器对输入脉冲不起作用。

5. 胜负显示

将双方终端二极管正极经非门后的输出分别接到两个CC4518计数器的EN端，CC4518的两组4位BCD码分别接到实验装置的两组译码显示器的A，B，C，D插口处。当一方取胜时，该方终端二极管发亮，产生一个上升沿，使相应的计数器进行加一计数，于是就得到了双方取胜次数的显示，若一位数不够，则进行二位数的级联。

6. 复位

为能进行多次比赛而需要进行复位操作，使亮点返回中心点，可用一个开关控制CC40193的清零端R即可。

胜负显示器的复位也应用一个开关来控制胜负计数器CC4518的清零端R，使其重新计数。

五、实训报告

讨论实训结果，总结实训收获。

注：

(1) CC40193同步递增/递减二进制计数器引脚排列及功能参照数字部分实验七CC40192。

(2) CC4514 4线－16线译码器引脚排列及功能如图Ⅱ-s5-3及表Ⅱ-s5-1所示。

其中　$A_0 \sim A_3$ —— 数据输入端；

INH —— 输出禁止控制端；

LE —— 数据锁存控制端；

$Y_0 \sim Y_{15}$ —— 数据输出端。

(3) CC4518 双十进制同步计数器引脚排列及功能如图 Ⅱ-s5-4 及表 Ⅱ-s5-2 所示。

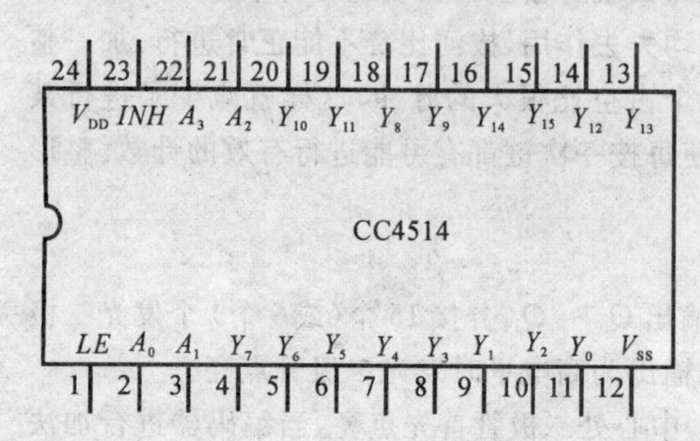

图 Ⅱ-s5-3　CC4514 引脚排列图

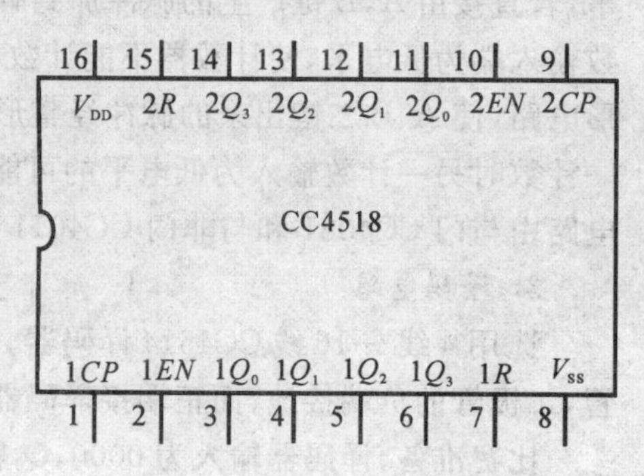

图 Ⅱ-s5-4　CC4518 引脚排列图

其中　$1CP, 2CP$ —— 时钟输入端；

$1R, 2R$ —— 清除端；

$1EN, 2EN$ —— 计数允许控制端；

$1Q_0 \sim 1Q_3$ —— 计数器输出端；

$2Q_0 \sim 2Q_3$ —— 计数器输出端。

表 Ⅱ-s5-1

输入						高电平输出端	输入						高电平输出端
LE	INH	A_3	A_2	A_1	A_0		LE	INH	A_3	A_2	A_1	A_0	
1	0	0	0	0	0	Y_0	1	0	1	0	0	1	Y_9
1	0	0	0	0	1	Y_1	1	0	1	0	1	0	Y_{10}
1	0	0	0	1	0	Y_2	1	0	1	0	1	1	Y_{11}
1	0	0	0	1	1	Y_3	1	0	1	1	0	0	Y_{12}
1	0	0	1	0	0	Y_4	1	0	1	1	0	1	Y_{13}
1	0	0	1	0	1	Y_5	1	0	1	1	1	0	Y_{14}
1	0	0	1	1	0	Y_6	1	0	1	1	1	1	Y_{15}
1	0	0	1	1	1	Y_7	1	1	×	×	×	×	无
1	0	1	0	0	0	Y_8	0	0	×	×	×	×	①

① 输出状态锁定在上一个 $LE = $“1”时，$A_0 \sim A_3$ 的输入状态。

表 Ⅱ－s5－2

输入			输出功能
CP	R	EN	
↑	0	1	加计数
0	0	↓	加计数
↓	0	×	保　持
×	0	↑	
↑	0	0	
1	0	↓	
×	1	×	全部为“0”

附录　实验台操作、使用说明

一、装置的启动、交流电源控制及功能测试

(1) 将装置左后侧的单相三芯电源插头插入 220 V 单相交流电源插座。

(2) 将自耦调压器逆时针旋置零位。

(3) 开启“漏电保护器”中的电源总开关，“电源指示”及“停止”按钮红灯亮，同时镜面电压表指示电网电压，控制屏左侧单相双连暗插座输出 220 V 交流电压，接通石英数字钟的电源，数字钟应闪动显示 12:00”，等待调整。

(4) 按下“启动”按钮，“停止”按钮红灯灭，“启动”按钮绿灯亮，可听到屏内交流接触器瞬时吸合声，自耦调压器的原边也接通电源；220 V 交流电压也同时引致相关单元交流电源开关处；控制屏右侧单相双连暗插座输出 220 V 交流电压，至此，控制屏启动完毕。

(5) 调节控制屏左侧单相自耦调压器旋钮，即可调节单相输出电压，调节范围 0 ～ 250 V(U_A)，同时输出 0 ～ 25 V(U_B) 频电源，操作“指示切换”开关，数字显示电压分别指示 U_A 和 U_B 电压值。

(6) 关闭控制屏电源时，必须先按“停止”按钮(红灯亮，绿灯灭)，然后将“漏电保护器”开关置于“OFF”位置。

(7) 控制屏内装有电压型漏电保护装置，当交流电源线碰壳，或有漏电现象发生时，即发出告警信号，告警指示灯亮，并使接触器释放，切断各单元的电源，以确保实验的安全；在故障排除之后，需要按一下“复位”键后，就可重新启动。

(8) 控制屏内装有电源型漏电保护器，当控制屏有漏电现象，漏电电流超过一定值，即切断总电源。

(9) 石英数字钟；开机后，即当计时器使用，经设定后，可控制实验时间，届时本装置将发出连续的警报信号并切断电源，中止本次实验。

二、各单元的功能、结构特点与使用说明

1. 数字电路实验板

采用 179 mm × 312 mm、2 mm 厚聚脂单面敷铜印刷线路板，正面装有元器件的符号及相应的连接线条，反面是相应的印刷线路板。板上装有近 500 只锁紧式防转叠插座，以及数十只高可靠的镀银长紫铜管，用以接插电阻器、电容器、二极管、晶体管等元器件；实验电路板设有 16 位逻辑电平输入一组，装有 8P，11P，20P，24P，28P 及 40P 等可靠的圆脚集成电路插座 23 只；音乐片一只；蜂鸣器一只；6 位 BCD 码十进制拨码开关一套；复位按钮、晶振、电容的元器件，以备实验时选用。上述所有的插座及元器件的引脚，均已与锁紧插座相连接即可，为了方便实验，在实验板上还设置了 4 个测试弯针，用于钩挂示波器探头。

(1)16 位开关电平输出。本单元提供 16 只小型单刀双掷开关及与之对应的开关电平输出插口，当开关向下拨(即拨向“低”) 时相对应输出为 0 V。

使用时，只要开启直流稳压电源开关，此单元便能正常工作。

(2)16 位逻辑电平输入及高电平显示。每一位输入都经过三极管放大驱动电路，使用时，只要锁紧线将 —5 V 电源接入本单元的电源插孔处，即可正常工作。当输入插孔处输入高电平时，变点亮 LED 发光二极管。

2. 模拟实验线路板

采用 439 mm×312 mm、2 mm 厚聚脂单面敷铜印刷线路板，正面装有元器件，并印有元器件的符号及相应的连接线条，反面是相应的印刷线路，板上装有近 500 只锁紧式防转叠插座，以及数百只可靠的镀银长紫铜管，用以接插电阻器、电容器、二极管、晶体管的元器件；装有 8P，14P 等可靠的圆脚集成电路插座 3 只；100 Ω，470 Ω，1 kΩ，10 kΩ，47 kΩ，100 kΩ、1 MΩ 电位器及 10 kΩ 双连电位器，共 10 只；还装有镜面指针式毫安表(量程 1 mA)、继电器、磁罐震荡线圈、纽子开关小直流马达、光敏电阻、光电二极管、光电三极管、发射对管、整流桥堆、稳压管、电容器三端稳压块、单双相可控硅、单结晶体管、12 V 信号灯、8 W 功率电阻及蜂鸣器等元器件的引脚，均已与锁紧插座相连接，实验时只要用锁紧插头线，依照原理线路图进行连接即可，为了方便界线，在实验板上还设置了 8 个测试弯针，用以挂示波器探头，方便实验。

3. 石英晶体数字钟及其调整电路

数字钟由专用的数字钟集成电路和专用的 LED 数码显示器组成，在启动控制屏后，显示器将闪动显示“12:00”。操作三个按键，就可以调整时间，调整步骤如下：

(1) 按动“时”键，显示器即停止闪动，并进入校“时”功能：可按住“时”键，作连续调整，亦可点动“时”键，作连续调整。

(2) 按动“分”键，进入校“分”功能：可按住“分”键作连续调整，亦可作点动调整。

(3) 若需调整定时报警时间，则必须在按住“设定”键的同时，依次操作“时”，“分”键，调整到所需要的时间后，松开“设定”键即可，当时钟走到调定值时，内部的蜂鸣器即发出短促或连续鸣叫声，再重新启动控制屏电源。

(4) 每次开机均须作上述的调整。

4. 直流稳压电源

开启本单元的带灯电源开关，±5 V 和 ±12 V 输出指示灯亮，表示 ±5 V 和 ±12 V 的插孔处有电压输出；0 ～ 30 V 两组电源。

操作“电压指示切换”开关，显示电压表分别指示 U_A 和 U_B 电压值。这 6 路电源输出均具有短路软截止保护功能。两路 0 ～ 30 V/1 A 连续可调电源，电压稳定度 ≤0.3%，电流稳定度 ≤0.3%。用户可用控制屏上的数字直流电压表示测试稳压电源的输出及其调节性能。

5. 脉冲信号发生器

本单元能提供二组正、负单次脉冲源，22 个标准频率方波信号源和一个可用作计数的频率连续可调的脉冲信号源。使用时，只要开启本单元的开关，在各个输出插孔处即可输出相应的脉冲信号。

(1) 单次脉冲信号源：由一个防抖动电路和一个按键组成，每按一次键，绿灯灭，红灯亮，表明在两个输出插孔处分别输出一个正、负单次触发脉冲。

(2) 基准脉冲信号源：是由晶振通过分频电路获得标准频率的方波信号源，本单元设置了从 $Q_4 \sim Q_{26}$ 共 22 个不同频率的输出插孔，提供用户随意选择。各输出口的频率可按下式确定：

$$f_n = 4\ 194\ 304\ \text{Hz}/2^n$$

例如 Q_{22} 输出口的方波信号频率是标准的 1 Hz。

(3) 频率连续可调的记数脉冲信号源。本信号源能在先很宽的范围内(0.5 ～ 300 kHz) 调节输出频率,可以作低频计数脉冲源;在中间一段较宽的频率范围,则可用作连续可调的方波激励源。

6. 函数信号发生器

(1) 功能特点:本函数信号发生器是一种新型高精度信号源,仪器外型美观、新颖,操作直观、方便,具体数字频率计及电压显示功能,仪器功能齐全、各端口具有保护功能,有效地防止了输出短路和外电路电流的倒灌对仪器的损坏、大大提高了整机的可靠性。广泛适用于教学、电子实验、科研开发、电子仪器测量等领域。

主要特点:

· 频率计功能(6 位 LED 显示);

· 输出电压指示(3 位 LED 显示);

· 轻触开关、面版功能指示、直观方便;

· 采用金属外壳,具有优良的电磁兼容性,美观坚固;

· 内置线性/对数扫频功能;

· 数字频率微调功能,使测量更精确;

· 10 W 功能输出(小于 20 Hz);

· 所有端口具有短路和抗输入电压保护功能。

(2) 技术指标。

1) 输出如表附-1 所示。

表　附-1

频率范围	0.2 ～ 2 MHz
频率分挡	七挡
频率高速率	0.1 ～ 1
输出波形	正弦波、方波、三角波、斜波
输出阻抗	50 Ω
输出信号类型	调频、扫频
扫描类型	线性、对数
扫描速度	5 s ～ 10 ms
输出电压幅度	20 V_{P-P}(1 mΩ)10 V V_{P-P}(50 Ω)
输出保护	短　路
正弦波失真度	≤100 K　2%　100 K　30 dB
对称度调节	20% ～ 80%
直流偏置	±10%(1 MΩ)　　±5 V(50 Ω)
方波上升时间	100 ns　5V_{P-P}1 MHz
衰减精旗	≤±3%
功能输出	10 W　≤20 kHz

2) TTL/CMOS 输出如表附-2 所示。

表　附-2

输出幅度	"0"：≤0.6；　"1"：≥2.8 V
输出阻抗	600 Ω

3）频率如表附-3所示。

表　附-3

测量精度	6位±1%　±1个字
分辨率	0.1 Hz
外测频范围	1 Hz～25 MHz
外测频灵敏度	100 mV

4）幅度显示如下：

显示位数：V_{P-P} 或 mV_{P-P}；

显示误差：±15%±1个字；

负载为1 MΩ时：直读；

负载电阻为50 Ω：读数÷2；

分辨率：1 mV_{P-P}(40 dB)

(3)使用注意事项。

1）电压幅度输出、TTL/COMS输出要尽可能避免长时间短路或电流倒灌。

2）各输入端口，输入电压请不要高于±35 V。

3）为了观察准确的函数波形，建议示波器带宽应高于该仪器上限频率的2倍。

(4)使用方法。

1）电源开关：将电源开关按键弹出即为"关"位置，将电源线接入，按电源开关，以接通电源。

2）LED显示窗口：此窗口指示输出信号的频率，当"外测"开关按入，显示外测信号的频率。

3）频率调节旋钮：调节此旋钮改变输出信号频率，顺时针旋转，频率增大，逆时针旋转，频率减小，微调旋钮可以微调频率。

4）占空比：占空比开关，占空比调节旋钮，将占空比开关按入，占空比指示灯亮，调节占空比旋钮，可以改变波形的占空比。

5)波形选择开关：按对应波形的某一键，可选择需要的波形。

6）衰减开关：电压输出衰减开关，二档开关组合为20 dB，40 dB，60 dB。

7）外测频开关、复位开关、此开关按入LED显示外测信号频率，按复位键，LED显示全为0。

8）电平调节：按入电平调节开关，电平指示灯亮，此时调节电平调节旋钮，可改变直流偏置电平。

9）幅度调节旋钮：瞬时针调节此旋钮，增大电压输出幅度。逆时针调节此旋钮可减小电压输出幅度。

10）电压输出端口：电压输出由此端口输出。

11）TTL/CMOS 输出端口：由此端口输出 TTL/CMOS 信号。

12）扫频：按入扫频开关，电压输出端口输出信号为扫频信号，调节速率旋钮，可改变扫频速率，改变线性/对数开关可产生线性扫频和对数扫频。

13）电压输出指示：3 位 LED 显示输出电压值，输出接 50 Ω 负载时应将读数/2。

14）10W 功率输出端口：频率小于等于 20 kHz，具有短路保护，并带声光告警功能。

(5) 使用说明。

1）开启电源之前各按键状态如表附-4 所示。

表 附-4

电 源	电源开关键弹出
衰减开关	衰减开关弹出
外测频	外测频开关弹出
电 平	电平开关弹出
扫 频	扫频开关弹出
占空比	占空比开关弹出

所有的控制键如上设定后，打开电源。函数信号发生器默认 10K 挡正弦波，LED 显示窗口显示本机输出信号频率。

2）将电压输出信号由幅度端口通过连接送入示波器 Y 输入端口。

3）三角波、方波、正弦波产生：

a. 将波形选择开关分别按正弦波、方波、三角波。此时示波器屏幕上将分别显示正弦波、方波、三角波。

b. 改变频率选择开关，示波器显示的波形以及 LED 窗口显示的频率将发生明显变化。

c. 幅度旋钮顺时针旋转最大，示波器显示的波形幅度将$\geqslant 20V_{\mathrm{P-P}}$。

d. 将电平开关按入，顺时针旋转电平旋钮至最大，示波器波形向上移动，逆时针旋转，示波器波形向下移动，最大变化量±10 V 以上，注意：信号超过±10 V 或 5 V(5Ω)时被限幅。

e. 按衰减开关，输出波形将被衰减。

4）斜波产生。

a. 波形开关置三角波。

b. 占空比开关按入指示灯亮。

c. 外测信号由频率输入端输入。

5）外测频率，复位。

a. 按复位键，LED 显示全为 0。

b. 按入外测开关，外测频指示灯亮。

c. 外测信号由频率输入端输入。

d. 选择适当的频率范围，由高量程向低量程选择适当的有效数，确保测量精度。

6）TTL 输出。

a. TTL/CMOS 端口接示波器 Y 轴输入端(DC 输入)。

b. 示波器将显示方波或脉冲波,该输出端可作 TTL/CMOS 数字电路实验时钟信号源。

7) 扫频。

a. 按入扫频开关,此时幅度输出端口输出的信号为扫频信号。

b. 线性/对数开关,在扫频状态下弹出时为线性扫频,按入时为对数扫频。

c. 调节扫频旋钮,可改变扫频速率,顺时针调节,增大扫频速率,逆时针调节,减慢扫频速率。

8) 功率输出。

由功率输出端口直接输出≤20 kHz,在使用时由于输出短路或过载,具有保护功能及带声光告警功能,故障排除后恢复正常。

7. 数字集成电路测试仪(单元 8)

(1)基本功能:本测试仪是用单片机开发而成的智能化仪器,具有高速破译数字集成电路芯片型号;能区分相同逻辑功能的 74LS 系列和 74HC 系列芯片;可检测出已知型号集成电路的好坏;可自动列出相同功能的其他可代替的芯片型号;并可用集成电路进行动态老化。集成电路芯片测试范围包括 74/54LS 系列,14/54HC/HCT/C 系列,CMOS 40XXX 系列,CMOS 45XX 系列以及部分模拟集成电路,全部种类达 548 种,几乎覆盖所有常用的数字集成电路。本测试仪的显示器采用七位共阴极红色 LED 数码管。

(2)使用方法:将+5 V 电源接到本测试仪的电源插孔处,显示器应显示“PC”,当按“复位”键后,也显示“PC”,表明已进入测试初试状态。

1) 破译集成电路型号。在显示“PC”状态下,按一下“执行”键,显示器将显示一闪动的“正弦曲线”(最后一个数码管显示隐 8 字),此时只要将集成电路夹于锁紧夹中,即能显示出该芯片完整的型号,如 74LS125,CD6040,CD4553 等,如有相同的符号:“74LS”、“74HC”、“CD40”“CD45”(“ANG”“F500”“F1000”“F5000”“F10000”“CCP”及“COD”)括号内的功能在本装置中未采用。

例:预测 74HC125 芯片的好坏,首先应按“功能”键,在显示器显示“74HC”后,再分别按“数字 1”键,使 74HC 后的显示值为 1,按“数字 2”键,使随后的显示值为 2,按“数 3”键,使最后一位显示值为 5。按“执行”键,显示器将循环显示“74HC125”和“bad1. c.”

当将被测的芯片夹入锁紧夹中后,若此芯片完好,则显示器循环显示“74HC125”和“GOOD1. C”,否则仍显示“bad1. c.”;若输入型号有错,也将显示“bad1. c.”;若输入的型号不属于本测试仪的测试范围,则显示“NO1. C.”。

2) 操作时应注意的事项。在按“执行”键之前,不要在锁紧夹中放置任何芯片;放置芯片的规则是将芯片的缺口朝上,使芯片的第一脚与夹子上的第一脚(旁边有“.”标记)对齐。

8. 功能逻辑笔(单元 14)

这是一支新型的逻辑笔,它是用可编程逻辑器件 GAL 设计而成,具有显示五种功能的特点。只要接通+5 V 电源,用锁紧线从“信号输入”口接出,锁紧线的另一端可视为逻辑笔的笔尖,当笔尖点在电路中的某个测试点,面板上的四个指示灯即可显示出该点的逻辑状态:是“高点平”“低电平”“中间电平”“高阻态”;若该点有脉冲信号输出,则四个指示灯将同时点亮,故有五功能逻辑状态笔之称,亦可称为“智能型逻辑笔”。

9. 等精度数显频率计(单元 10)

(1)功能特点。本频率计具有宽计量范围、高精度、高灵敏度。以高速低功耗 CPLD 器件为核心模块。配备高灵敏度的模拟变换电路与逻辑控制 CPL。计频器的测量范围为 0.5 Hz 到 100 MHz 的频率,具有高的分辨率和灵敏特性。

(2)技术规格,如表附-5 所示。

表 附-5

频率范围	0.5 Hz～1 000 MHz
灵敏度	35 mV(0.1～5000 kHz)//(500 K～100 MHz)
耦合	AC
滤波器	通道的滤波器可灵活的开或关
阻抗	1 MΩ 与小于 40 PF 并联
衰减器	额定×1 或×20
分辨率	8 位 LED 显示
闸门时基	约 1 ms
精度	±分辨率±时基误差
工作湿度	0～40℃
使用电源	220 V±10%

(3)使用说明。

1)频率键:当点击时进入频率测量状态。

2) 计数/FB 键:当点击时进入计数器状态,当按住频率键时按下此键进入 FB 通道(50～100 MHz)。

2) 保持键:当点击时进入计数器状态(数据不测量)。

4) 滤波键:当点击时使信号进入通道滤波,相应指示灯亮。再点击时不滤波,在低频测量时由于躁声会有读值不稳定,点击该键。

5) 衰减键:当点击时使信号输入通道衰减,相应的指示灯亮。再点击时不衰减,当电压高于一定范围时会测量数值不稳定,DC≫10URMS 或被测信号的幅值未知的情况下,点击该键。

(4) 注意事项。

1) 在低频测量时由于噪声有读值不稳定,请选择 LP 滤波器(点击滤波键)。

2) 当电压高于一定范围时会有读值,不稳定,不稳定请选择衰减(DC)10URMS,当被测量信号的幅值未知的情况下,建议按下衰减键。

10. 晶体管测试仪(单元 16)

(1)功能:外接示波器,即可图视 NPN 型中、小功率晶体管共发射极的输入特性与输出特性;可观测负载线和测定放大倍数等参数。

(2)仪器面板介绍。

1) 基极阶梯电流(mA)选择开关:共分 0,0.01,0.02,0.05,0.1,0.2 和 0.57 挡,用以改变

被测晶体管的输入电流大小。

2）集电极扫描电压(V)调节电位器：峰值电压连续可调范围为 0～20 V。

3）晶体管类型选择直键开关：用以改变阶梯电压和集电极电压的极性，按入直键开关为测 PNP 型，释放直键开关为测 NPN 型晶体管的极性。

4）功耗限制电阻(kΩ)选择开关：共分 0，0.1，0.2，0.5，1，2 和 57 挡。功耗电阻是串联在被测晶体管的集电极电路上，其作用是为限制被测管的集电极功耗和观测负载线。

5）面板上的接线柱“*X*”为被测管的 V_{ca} 输出端；接线柱“*Y*”为集电极电流取样电压输出端；位于中间的黑色接线柱为共地线。

(3)使用方法。

1)输出端“*X*”接示波器的 *X* 轴(采用衰减探头)，输出端“*Y*”接示波器的 *Y* 轴；示波器的 *X* 轴扫描时间选择开关拨至“*X* 外接”；触发源选择开关置于“外”；触发信号耦合方式开关置于“*DC*”；灵敏度可预置于“0.2V/div”档，以后视实际情况再行调整。

2）开启本单元电源开关之前，先按被测管的类型，选择相应的阶梯电压和确定晶体管类型直键开关的位置；将集电极扫描信号调到零位；基极阶梯信号拨至零位；功耗限制电阻预制在 1 kΩ 处；然后插入被测管(注意分清 *E*，*B*，*C* 三个管脚，不可接错)。

3）晶体管输出特性曲线的规则：开启示波器和本单元的电源开关，指示灯亮，基极阶梯信号调至 0.02 mA(电流的大小应根据被测的使用条件而定)，逐步增大集电极扫描信号，即可显示出八条特性曲线，然后适当选取示波器 Y 轴的灵敏度及功率电阻，以达到观测的要求。

4）晶体管电流放大倍数 β 的测定：β 由下式确定，即

$$\beta=\Delta I_c/\Delta I_b=Sy^n h/I_b^n Rc$$

其中，Sy 为示波器 *Y* 轴的灵敏度(mV/div)；h 为相邻两条曲线之间的垂直距离(cm)；I_b 为基极阶梯电流(mV/div)；Rc 为集电极电流取样电阻(Ω)，本电路取值为 1 Ω。

11.6 位十六进制七段译码 LED 显示器(单元 12)

每一位译码器均采用可编程器件 GAL 设计而成，具有十六进制全译码功能(显示器采用 LED 共阴极红色数码管)，可显示四位 BCD 码输入十六进制的全译码代号：0，1，2，3，4，5，6，7，8，9，A，B，C，D，E，F。

开启本单元的带灯电源开关，在没有 BCD 码输入时，六位译码器全显示为“F”。

在本单元中还提供了两只译码共阴极和共阳极 LED 数码管，八个显示段的管脚均已与相应的锁紧插座相连接。

12. 直流数字电压/电流表(单元 12)

直流数字电压表由三位半 A/D 转换器 ICL7107 和四个 LED 共阳极红色数码管等组成，量程分 200 mV，2 V，20 V，200 V 四档，由琴键开关切换量程。被测电压信号应并接在“0～200”“+”，“－”两个插孔处。使用时要注意选择适当的量程，本仪器有超量程指示，当输入信号超量程时，显示器的首位将显示“1”，后三位不亮。若显示为负值，表明输入信号极性接反了，改换接线即可。

结构特点均类同数字直流电压表，只是这里的测量对象是电流，即仪表的“0～2A”“+”“－”两个输入端应串联在被测的电路中；量程为 2 mA，20 mA，200 mA，2 000 mA 四档，其余同上。

开启本单元的带灯电源开关后即可进入测量状态，红色琴键按下“▲”时选择电流表，琴键

弹起“▲”时，选择电压表，由于仪表选择错误，导致测量故障，电流表设有保险丝保护功能，使安全可靠。

13. 双路数字式真有效交流电压毫伏表(单元11)

(1)本仪器能对正弦波、三角波、方波等信号的有效值进行精度测量。

(2)主要技术特性。

1) 测量范围：100 μV～600 V(有效值)，分五个量程：

第一量程：100 μV～200 mV；

第二量程：200 mV～2 V；

第三量程：2 V～20 V；

第四量程：20 V～200 V；

第五量程：200 V～600 V。

2) 测频范围：10 Hz～1.5 MHz。

3) 测量误差(以1 kHz为基准)。

4) 分辨率：0.1 mV。

5) 噪声：输入端短路时不大于一个字。

6) 输入阻抗：约100 kΩ±10%。

7) 工作环境：

a. 温度：0～40℃。

b. 湿度：小于90%RH。

8) 电源：

a. 电源/频率：AC198 V～242 V，48 Hz～52 Hz。

b. 功耗：小于8W。

(3)使用注意事项。先将量程开关置于600 V量程上，然后接通电源，经数秒后即有稳定的数字显示，预热十分钟即可开始测试。

1) 接线前务必熟悉实验装置上各仪器仪表及元器件的功能、参数及其接线位置，特别要熟悉各集成块插脚引线的排列方式接线位置。

2) 实验接线前必须先断开总电源与各分电源开关，严禁带电接线。

3) 接线完毕，检查无误后，再插入相应的集成电路芯片才通电，也只有在断电后方可插拔集成芯片，严禁带电插拔集成芯片。

4) 实验始终，实验台上要保持整洁，不可随意放置杂物，特别是导电的工具和多余的导线管，以免发生短路现象。

5) 本实验装置上的各档直流电源设计时供实验时使用，一般不外接其他负载。如作它用，则要注意使用的负载不能超过出本电源的使用范围。

6) 实验完毕后，应及时关闭各电源开关(置关端)，并及时清理实验板面，整理好连接导线并放置规定的位置。

7) 实验时需用到外部交流供电的仪器，如示波器等，这些仪器的外壳应妥为接地。